gli elefanti
saggi

Dello stesso autore in edizione Garzanti:
Anche tu matematico
Patatrac!
Salvare il prossimo decennio

Roberto Vacca

Anche tu fisico

La fisica spiegata
– in modo comprensibile –
a chi non la sa

Garzanti

Prima edizione: febbraio 2008
Prima ristampa: aprile 2008
Seconda edizione ampliata e aggiornata: gennaio 2012
Terza edizione: febbraio 2012
Prima edizione negli Elefanti: ottobre 2015
Prima ristampa: luglio 2017

ISBN 978-88-11-68931-7

Printed in Italy

www.garzanti.it

ANCHE TU FISICO

1. IL MONDO È FATTO DI MACCHIE COLORATE CHE SI MUOVONO A CASO, O POSSIAMO CAPIRNE I MECCANISMI?

La terra cominciò a tremare nel villaggio tolteco di Tepoztlan. Nella piccola casa i bambini corsero ad abbracciare il padre. Tremavano e gli chiesero:

«Padre, che cos'è questo? Un uragano come già ci è successo?»

Il padre li strinse a sé. «No, figli. L'uragano è il gigante Hurican, che batte uno solo dei suoi grandi piedi. Questo è il gigante Barbican, che batte tutti e due i suoi grandi piedi. È il terremoto. Muove la terra intera e fa cadere le case e le montagne. Contro di lui non possiamo fare niente. Anche se fuggiamo, potrebbe aprire la terra davanti ai nostri piedi. Stendiamoci a terra e speriamo di non morire.»

Restarono così fermi per ore. Il terremoto li risparmiò, ma sopravvissero con la paura del gigante e senza alcuna nozione degli strati geologici profondi che si assestavano e scorrevano gli uni sugli altri.

I popoli primitivi vivevano tutti i fenomeni naturali intorno a loro come causati da divinità o da mostri. Anche i greci, alcuni dei quali fondarono la scienza, parlavano del Sole come del carro di fuoco del dio Apollo. Consideravano i fulmini come strali di Giove e vedevano nell'arcobaleno la scia di Iride, messaggera degli dèi. Non avevano idea dei meccanismi regolari che spiegano e permettono di prevedere i processi naturali.

Perfino Archimede che scoprì le leggi della statica e dell'idrostatica e intuì il calcolo infinitesimale, non sapeva come e perché i corpi pesanti si muovessero. Perfino Aristotele, che fondò la logica, credeva che le velocità assunte dai corpi fossero proporzionali alle forze applicate a essi. Solo due millenni più tardi Isaac Newton capì davvero come andavano le cose. Da allora sono passati altri tre secoli, ma la maggioranza della popolazione anche nei paesi più avanzati continua a non sapere quasi niente su come funzionano i fenomeni naturali, né quelli artificiali inventati dall'uomo.

Sono restati a livelli primitivi non solo quelli che sono andati poco a scuola. Ci sono rimasti anche molti di quelli che hanno conseguito lauree o diplomi, certo soprattutto in specialità non tecniche. Sanno pochissimo sui meccanismi naturali, e non se ne vergognano.

Gli scienziati capiscono e divulgano conoscenza fin dagli albori della civiltà. Eppure milioni di americani ed europei ignorano concetti insegnati da secoli in tutte le scuole. Lo dimostra uno studio della National Science Foundation americana. Ogni anno pone a 2000 persone scelte a caso 25 domande sulla conoscenza del mondo e del metodo scientifico. Fra queste: il centro della Terra ha una temperatura altissima? Il latte radioattivo è innocuo se viene bollito? Il laser focalizza onde sonore? L'aria riscaldata sale? La velocità della luce è maggiore di quella del suono? Le centrali nucleari sono radioattive, ma esiste anche una radioattività naturale? Il Sole gira intorno alla Terra o la Terra intorno al Sole?

Ora questo sondaggio è stato fatto anche in Europa. I livelli europeo e americano differiscono poco: sono bassi. Nel 2005 solo il 71% degli americani (e il 67% degli europei) sapeva che la Terra gira intorno al Sole in un anno (gli altri pensano che il Sole giri intorno alla Terra o che la Terra percorra la sua orbita in un giorno). Il 42% degli americani sa che il laser concentra luce, non suoni, ma gli europei bene informati su questa tecnologia sono solo il 35%. Il 46% degli americani (e solo il 23% degli europei) sa che gli elettroni sono più piccoli degli atomi. Il 30% degli americani e più della metà degli europei, crede che non esista la radioattività naturale (e sbaglia). Assai modesta la cultura dei Paesi avanzati.

In Italia queste analisi si fanno poco. Purtroppo da noi si identifica spesso la cultura con spettacoli-più-musei. Nel 2006 con la Finanziaria di sviluppo regionale, ho analizzato la situazione del Lazio. Nell'ambito dell'approssimazione sperimentale, il Lazio è a un livello un po' più alto di USA e della media europea. Però è triste: il 25% dei laziali non sa che la Terra gira intorno al Sole, il 40% crede che il laser usi onde sonore e la metà crede che gli antibiotici siano efficaci contro i virus.

Già quarant'anni fa l'inglese C.P. Snow – fisico e romanziere – scrisse un libretto: *Le due culture.* Lamentava quanto fossero ignoranti di scienza gli intellettuali umanisti. È famosa la sua battuta: «Secondo i più, chi non ha letto Shakespeare è un ignorante, invece, chi non sa che cosa sia il secondo principio della termodinamica, è uno che non ha tempo di occuparsi di dettagli tecnici, né dei trucchetti degli sperimentatori».

Così la maggioranza della popolazione nei Paesi avanzati usa apparecchi elettrici ed elettronici, ogni tanto prende la scossa, ma si limita a sapere, tutt'al più, che i due (o tre) fili che portano corrente a una lampada o al televisore devono stare isolati gli uni dagli altri. Se si toccano – rame contro rame, senza isolante – «salta tutto». Cioè manca l'elettricità, ma non sanno bene perché.

Questo triste stato di cose dipende dalla pigrizia umana, fomentata dalla mancanza di esempi, dalla difficoltà per chi vuole imparare di trovare facili occasioni, dall'assenza di una tradizione di cultura scientifica. In Italia, una parte della responsabilità va accollata alla cultura idealistica crociana. Benedetto Croce affermò perfino che matematica e scienza non accrescono il nostro sapere perché conducono unicamente a pseudoconcetti e non costituiscono una realtà razionalizzabile, ma utile solo a fini pratici. E scrisse:

«Le finzioni delle scienze naturali e matematiche postulano di necessità l'idea di un'idea che non sia finta. La logica, come scienza del conoscere, non può essere nel suo oggetto proprio, scienza di finzioni e di nomi, ma scienza della scienza vera e perciò del concetto filosofico e quindi filosofia della filosofia»: frase roboante, ma priva di significato.

È curioso: il figlio di Giovanni Gentile (l'altro filosofo idealista, quello fascista) era un buon fisico teorico. Una volta il padre presentò Giovanni Gentile jr. a Croce, il quale chiese:

«Di che si occupa il giovanotto?».

Il padre rispose: «È fisico teorico».

E Croce commentò: «Ah, un tecnico, dunque. Bene, bene», dimostrando così di non conoscere nemmeno la differenza fra scienza e tecnica, una delle cose che cercherò di spiegare in questo libro.

Cercherò di spiegare anche altre cose: non certo tutta la fisica: ci vuole altro, e non ne so abbastanza! Chi voglia imparare la fisica a livelli più avanzati dovrà studiare libri scritti da fisici veri: testi liceali o universitari. Io consiglio *La Fisica di Feynman* (testo a fronte inglese e italiano, Inter European Editions, 1975): sono lezioni tenute dal Premio Nobel Richard P. Feynman al California Institute of Technology. Non sono facili, ma sono molto illuminanti.

Capire la fisica non è cosa riservata a superuomini o a extraterrestri. Credo sia essenziale rendersi conto del fatto che ogni fenomeno fisico obbedisce sempre a un meccanismo che chiunque può capire, purché ci si avvicini con metodo e si procuri gli strumenti intellettuali che gli mancano.

Allora comincio proprio elaborando questo concetto, che è stato messo a fuoco da pochi secoli, anche se Archimede ne aveva capito buona parte. Si tratta di questo: i modi in cui si muovono i corpi, in cui fluiscono i liquidi e le correnti elettriche, in cui la luce viaggia e attraversa certe sostanze, in cui l'energia si trasforma e il calore viene trasmesso, vengono descritti molto bene per mezzo di relazioni matematiche. Altra cosa notevole che racconterò è che spesso una stessa equazione matematica descrive con la stessa esattezza fenomeni molto diversi.

C'è un'equazione differenziale che, con le sue soluzioni, descrive i modi in cui oscillano pendoli, molle, onde su mare e laghi e onde elettromagnetiche (che sono cose molto diverse fra loro). Equazioni identiche descrivono i modi in cui il calore si propaga all'interno di un materiale e quelli in cui si propagano le cariche elettriche. Sono circostanze sorprendenti e interessanti.

Che per capire il mondo ci voglia la matematica, lo aveva già detto Galileo Galilei:

«[Non riusciamo a capire la natura ...] se prima non si impara a intender la lingua e a conoscere i caratteri ne' quali è scritto questo grandissimo libro dell'Universo. Egli è scritto in lingua matematica e i caratteri sono triangoli, cerchi e altre figure geometriche, senza i quali mezzi è impossibile intenderne umanamente parola; senza questi è un aggirarsi vanamente per un oscuro labirinto».

Al tempo di Galileo non esistevano ancora né l'algebra, né il calcolo infinitesimale, eppure lui aveva intuito bene come stanno le cose.

Cercherò di illustrare come si usino formule per descrivere certi processi naturali e per prevedere – calcolare – eventi futuri. Secondo alcuni lo scopo della fisica matematica è proprio quello di prevedere i risultati di esperimenti non ancora eseguiti. Naturalmente le teorie usate vengono rafforzate quando poi gli esperimenti danno proprio i risultati previsti.

In queste pagine non darò lunghe spiegazioni di matematica (salvo che in casi eccezionali). Gli strumenti matematici che servono non certo per diventare professionisti, ma per capire davvero (a livello elementare) come funziona la fisica, li ho forniti in un altro piccolo libro, *Anche tu matematico* (Garzanti, 1989, ma ha avuto un buon successo e l'editore lo ha pubblicato di nuovo nel 2008 in forma aggiornata e ampliata). Comunque per leggere questo libro di fisica non è proprio necessario aver letto l'altro di matematica appena citato, anche se lo consiglio caldamente.

Dunque presenterò fenomeni che avvengono nel campo della meccanica e altri che si verificano in quello della termodinamica. Poi parlerò di elettricità e, brevemente, di elettronica. Questo libro non è un trattato ma propone una serie di interventi tra loro collegati. Se lo leggi e lo studi, sarai un po' meno timido verso la fisica, imparerai a fare calcoli (che ti potranno anche essere utili) e a usare nuovi strumenti di pensiero.

Non mi limiterò a indicare quali formule servano per capire quali fenomeni. Mostrerò, invece, come si fa a mettere i numeri dentro le formule fino a raggiungere un risultato finale confrontabile con la realtà. Il punto cruciale è proprio questo: bisogna che i calcoli vadano d'accordo con le osservazioni. Non basta certo applicare formule matematiche in un modo qualunque per arrivare a risultati giusti: i calcoli si possono sbagliare in tantissimi modi. Dobbiamo riflettere che le equazioni matematiche costituiscono un linguaggio con cui si possono fare discorsi precisi. Ma tanti discorsi sembrano giusti e non lo sono. Lo affermò Galileo:

«Ciò che l'esperienza e i sensi ci dimostrano, devesi anteporre a ogni discorso ancorché ne paresse assai fondato».

Per rendere precise le indicazioni delle nostre esperienze sensoriali, occorre eseguire misure. Questo non è sempre possibile: spesso dobbiamo basarci su stime. Se queste sono ben fatte, potremo arrivare a risultati noti solo entro un intervallo di incertezza, ma almeno avremo un'idea di come vanno le cose.

Infine proverò ad accennare idee sulla relatività, sulla elettrodinamica quantistica, sulle superstringhe e su materia oscura ed energia oscura. Questi sono argomenti difficili e non ti serviranno ad alcuno scopo pratico. Però potranno farti intravedere quanto siano complicati i ragionamenti che si devono fare su fenomeni che non possiamo percepire direttamente con i nostri sensi. Apprezziamo, allora, quel che succede utilizzando strumenti sofisticati. Capire almeno qualcuna di queste cose ha un notevole valore culturale: non si tratta certo di idee finte. Sono idee che ci forniscono visioni approssimative almeno dei contorni di problemi, la cui analisi getterà luce sui limiti della logica e dei concetti che abbiamo di causa ed effetto.

Io faccio l'ingegnere e quando qualcuno mi chiama «intellettuale» sostengo di essere un metalmeccanico: qui racconto, dunque, alcune cose che ho capito e altre che ho appena intravisto. Lo ritengo doveroso. Spero che ti serva per stare meglio al mondo. È un mondo variopinto, ma non ha senso guardarlo come se fosse fatto di macchie di colore che si muovono a caso. È complicato, ma comprensibile (almeno in parte). Sembra minaccioso a chi non lo capisce. Ti scorre accanto sempre più amico quanto meglio ne conosci i meccanismi.

2. OGNI TIPO DI EQUAZIONE DESCRIVE UN FENOMENO NATURALE, O NO? OGNI FENOMENO NATURALE PUÒ ESSERE DESCRITTO IN TERMINI MATEMATICI?

Friedrich Wilhelm Bessel avrebbe avuto molte ragioni per essere in alti spiriti. Aveva quasi finito le osservazioni astronomiche e i calcoli delle posizioni di alcune migliaia di stelle che Bradley aveva individuato anni prima ben più rozzamente. Era stato il primo a calcolare la distanza di una stella in base a osservazioni della parallasse: aveva determinato che la 61 Cygni dista circa dieci anni luce dalla Terra.

Aveva appena ricevuto una bella lettera di Gauss, il più grande matematico del mondo. Il Principe dei Matematici si congratulava con lui per il suo lavoro su certe funzioni di variabile complessa. Gli aveva scritto:

«La stessa concezione di queste funzioni, che comincio subito a chiamare Funzioni di Bessel (come faranno tutti fra breve) è estremamente elegante e la illustrazione da Lei fatta è di una chiarezza e di una concisione ammirevoli. Mi dispiace solo che la Sua produzione matematica non sia più copiosa, ma ardisco pensare che Ella abbia voluto accettare il mio motto: *Pauca, sed matura*, poche cose, ma mature, ben meditate».

Gauss era notoriamente parco di lodi. Quel riconoscimento avrebbe dovuto dare a Bessel sicurezza, riempirlo di gioia. Invece lui era profondamente depresso. Girava senza meta per le strade di Königsberg. Uscì dalla Junkerstrasse e proseguì fino al fiume. Imboccò uno dei quattro ponti che collegano la città con l'isola Kneiphof. Si appoggiò alla spalletta e guardò l'acqua fluente. Più lontano un quinto ponte collega l'isola con il promontorio che divide il fiume in due rami e lo stesso promontorio è collegato alle due rive con un sesto e un settimo ponte.

Bessel si chiese:

«Sarà possibile percorrere i sette ponti di seguito passando una sola volta su ciascuno?». Gli sembrava che non fosse possibile, ma non avrebbe saputo dire perché.

Pensava: «Devo essere proprio stupido, se non riesco a risolvere subito un problemino così...» – scosse la testa facendo ondeggiare i suoi lunghi capelli ricci – «... e anche il professor Gauss è stato gentile a scrivermi quelle belle cose, ma le mie funzioni di Bessel a che cosa servono? Non serviranno mai a niente. Non cambieranno di un pelo alcun evento. Sono proprio un uomo inutile».

Faceva male Bessel a pensare così. Sbagliava di grosso. Infatti circa sessant'anni dopo il fisico inglese Lord Kelvin scoprì che, quando una corrente ad alta frequenza fluisce in un conduttore di grosso diametro, la densità della corrente è alta sulla superficie esterna del conduttore e diminuisce rapidamente fino quasi ad azzerarsi quando si procede verso l'asse del filo. Il fenomeno si chiama «effetto pellicolare (*skin effect*)» o «effetto Kelvin».

Be', è impossibile calcolare come varia la densità della corrente dalla pelle esterna all'asse del conduttore, se non si usano le funzioni di Bessel. Purtroppo nel 1824, quando Bessel inventò le sue funzioni, le correnti elettriche ad alta frequenza non erano note. Il matematico-astronomo morì nel 1846 ancora convinto di essere inutile.

Ci chiediamo allora: anche le moltissime funzioni, teoremi e teorie matematiche sviluppate dai matematici puri e prive finora di ogni applicazione pratica, saranno necessarie per spiegare qualche fenomeno naturale di cui oggi non supponiamo nemmeno l'esistenza?

E ancora: possiamo essere sicuri che ogni fenomeno o processo fisico in ogni parte dell'universo – da quelle lontanissime e grandissime (stelle, galassie) a quelle piccolissime (sub-atomiche) – possa essere descritto e spiegato per mezzo di formule matematiche che magari non conosciamo ancora?

Queste due domande si possono riassumere in quella che dà il titolo al paragrafo seguente.

L'universo è isomorfo con la matematica pura?

«Isomorfo» vuol dire che ha la stessa forma. Quest'ultima domanda, perciò, significa: la matematica e il mondo sono una lo specchio dell'altro, o no?

Qui si potrebbe riflettere che la matematica comprende la logica e che è quindi una disciplina razionale. Allora qualcuno potrebbe sostenere che una risposta alle domande appena fatte era stata anticipata da Hegel con la sua famosa affermazione: «Tutto quel che è razionale è reale, tutto quel che è reale è razionale».

Non avrebbe senso occuparsi della cosa, perché Hegel aveva la brutta abitudine di non definire i termini che usava e, comunque, non capiva niente di matematica, né di fisica.

Prendiamo nota, dunque, del fatto che molte equazioni matematiche non hanno ancora trovato applicazione per descrivere la realtà. Poi teniamo a mente anche che i meccanismi di molti fenomeni naturali non sono stati ancora compresi, tanto che nessuno sa prevederne gli andamenti futuri. Fra questi:

- l'origine dell'universo e la sua evoluzione;
- lo sviluppo degli eventi meteorologici a lungo e lunghissimo termine;
- i meccanismi del cervello umano;
- la struttura e il comportamento delle particelle sub-atomiche;
- il corso dell'economia, della politica, della vita associata.

È probabile che alle questioni riportate sopra non sapremo mai dare risposte definitive. Però non conviene abbandonarci all'angoscia perché tante cose non le sa ancora nessuno. Per il momento concentriamoci per imparare almeno qualcosa su questioni e meccanismi sui quali alcuni di noi la sanno veramente lunga. La fisica, notoriamente, è una scienza. Quindi nel prossimo capitolo cercherò di illustrare la differenza fra scienza e tecnica e di chiarire alcune questioni connesse.

Un'osservazione. Sentirai ogni tanto qualcuno che parla di «scienza ufficiale», come se esistesse un ufficio centrale preposto a certificare cosa la scienza debba accettare come vero e cosa no. Non è così. La scienza ufficiale non esiste. Naturalmente ci sono scienziati bravi e scienziati sciocchi e pecioni. La maggioranza è brava e gli uni giudicano quello che viene prodotto dagli altri. (Questa revisione da parte dei propri pari in inglese si chiama *peers' review.*) Quando si trovano esperimenti o teorie sbagliati, si provvede a scartarli.

In genere quelli che sostengono di essere stati incompresi e imbavagliati dalla scienza ufficiale sono personaggi un po' strani, amareggiati perché nessuno ascolta le loro teorie folli o prive di senso.

3. SCIENZA E TECNICA

Se domandi a un ricercatore italiano che studia la struttura della materia o l'ingegneria genetica, che mestiere faccia, probabilmente risponde:

«Sono un fisico. Faccio ricerche sullo stato solido» oppure «Sono un biochimico. Mi occupo di DNA ricombinante».

Un inglese o un americano, invece, risponderebbero in modo generico:

«*I am a scientist.* – Sono uno scienziato».

Non so bene le ragioni di questa differenza. Forse gli scienziati italiani temono di sembrare vanitosi. Certo nei paesi anglosassoni ci si occupa di scienza più che in Italia: oltre il doppio – a parità di popolazione e di reddito. Quindi lì uno scienziato può ammettere di esserlo, come una cosa normale, di ogni giorno.

Le parole sono importanti. Attento, per esempio, alla parola «scientista». Alcuni la usano, sbagliando, come equivalente a «scienziato» o per indicare qualcuno che si appassiona alla scienza. Invece la parola definisce: «chi sostiene che la scienza spiega con precisione infinita qualunque cosa, che ha già risolto ogni possibile problema oppure che, se c'è ancora qualche cosa inspiegata, la spiegherà fra pochissimo tempo». Degli scientisti è meglio non occuparsi. Ovviamente sono ingenui. Invece gli scienziati non lo sono affatto: evitano di saltare a conclusioni affrettate.

Vediamo un esempio. Elenchiamo le città italiane mettendo al primo posto quella in cui esiste il maggior numero di chiese e via via ai posti seguenti quelle che ne hanno meno. Poi su ogni riga scriviamo il numero annuo di assassini che si verificano in ciascuna città. Vedremo, allora, che il numero degli assassini è maggiore dove ci sono più chiese.

Il primo numero è proporzionale al secondo. Ne deduciamo, forse, che nelle chiese si predica l'uccisione del prossimo? Ovviamente no. C'è una causa comune. Sia il numero di chiese, sia il numero di assassini sono proporzionali alla popolazione delle città considerate.

Questo è solo un esempio per illustrare quanto sia importante capire quali siano le cause e quali gli effetti. È questo uno degli obiettivi della scienza.

La scienza, poi, non mira certo a raggiungere precisione infinita. Ogni teoria scientifica costituisce solo un modello più o meno rozzo della realtà. In casi favorevoli, la precisione nelle misure effettuate o previste raggiunge perfino una parte su centomila miliardi (equivalente a misurare la distanza fra Roma e New York con un errore massimo uguale a un millesimo dello spessore di un capello) – ma questa non è certo un'accuratezza infinita, che è irraggiungibile. Conosciamo, invece, anche con milioni di decimali, i valori di costanti matematiche, per esempio, quello di pi greco:

$$\pi = 3{,}1415\ldots$$

Questa circostanza, però, non deve trarci in inganno: precisioni così spinte sono impossibili quando misuriamo grandezze fisiche.

Vediamo, dunque: che cosa sono scienza, tecnica e tecnologia?

La scienza è l'insieme dei modi razionali in cui conosciamo e capiamo la natura. La scienza studia i modi migliori per ottenere conoscenza e comprensione e per individuare procedure che, invece, siano da scartare. Il primo passo in ogni attività scientifica è l'osservazione: guardiamo come si comporta la natura, mentre non facciamo niente per modificarne il comportamento.

Il passo seguente è l'esecuzione di esperimenti, cioè l'osservazione di come la natura reagisce a qualche nostra azione. Per esempio, se flettiamo con le mani un bastoncino, riusciamo a romperlo. Per spezzare bastoni più grossi, ci sforziamo di più. Se, per fletterli, li afferriamo alle estremità

– a parità di diametro – i bastoni più lunghi si rompono più facilmente di quelli corti.

Da osservazioni ed esperimenti lo scienziato cerca di generalizzare, cioè di capire come vanno le cose in generale: quali siano le regolarità significative di un determinato fenomeno. In altre parole: la comprensione della natura diventa scientifica quando riesce a cogliere il meccanismo di un fenomeno: per esempio quali siano le cause e quali gli effetti.

Fare osservazioni non basta: bisogna anche interpretarle bene. Aristotele, nel IV secolo a.C., concluse che la velocità con cui cadono i corpi è tanto più alta quanto più essi sono pesanti. Il ragionamento si basava sul fatto che un sasso cade più velocemente di una piuma. La conclusione era sbagliata perché le condizioni erano alterate dalla resistenza dell'aria. L'esperimento giusto lo fece Galileo Galilei, quasi 400 anni fa, lasciando cadere nello stesso momento dalla torre di Pisa due palle di marmo, una delle quali pesava 10 volte più dell'altra. Le palle toccarono terra insieme: dunque le loro velocità erano identiche. Cadendo da circa 50 metri, le palle avevano raggiunto la velocità di 110 km/h, alla quale la resistenza dell'aria è trascurabile rispetto alla forza di gravità per oggetti così densi (aventi un peso grande rispetto al volume).

Affrontare un problema in modo scientifico vuol dire, allora, generalizzare le nostre percezioni (quel che sentiamo, vediamo, tocchiamo) e anche quel che misuriamo, cercando di formulare concetti con cui riusciamo a spiegare altri fatti oltre a quelli osservati. Lo vedremo meglio nei capitoli seguenti.

Chiamiamo, dunque, scienza sia i metodi corretti di osservare, sperimentare e interpretare i risultati, sia l'insieme delle nozioni prodotte dall'applicazione di quei metodi.

Spesso le prime conoscenze in un certo campo furono acquistate per scopi pratici: produrre cibo, vestiti, armi o misurare terreni o merci. Dunque la tecnica ha alimentato e alimenta ancora la scienza o, almeno, le offre degli spunti. Che cosa è la tecnica? È l'insieme delle regole e procedure, delle applicazioni di conoscenza fatte per modificare la natura. Così si trasformano sostanze naturali in arnesi o manufatti, si utilizzano forze naturali (di animali, dell'acqua) per far muovere macchine, per trasportare oggetti o persone.

I tecnici utilizzano spesso formule empiriche, che funzionano, anche se non si sa bene perché. Gli scienziati, invece, cercano di costruire una struttura mentale che spieghi i meccanismi dei fenomeni fisici. Definiscono modelli matematici. Un modello è una cosa che somiglia a un originale (si parla del modellino di una macchina o di un edificio). I modelli matematici (fatti di formule) forniscono previsioni numeriche che sono identiche (o almeno molto vicine) alle misure delle grandezze che variano mentre si svolge un fenomeno.

La fisica può essere descritta e insegnata anche usando solo parole, invece che formule, ma, allora, è arduo, se non impossibile, usarla come strumento di previsione.

Si parla spesso di ricerca per indicare attività sia scientifiche, sia tecniche. Nel primo caso si parla di ricerca di base, nel secondo, di ricerca applicata. Si chiama «invenzione» la scoperta di nuovi fenomeni fisici o di nuove macchine o processi per sfruttare fenomeni noti o anche la formulazione di una teoria che spieghi, meglio delle teorie precedenti, fenomeni fisici già noti.

Si chiama «innovazione» il trasferimento alle applicazioni pratiche – e utili – di un'invenzione.

Come facciamo a costruire teorie scientifiche vere?

La prima risposta che viene in mente è «ragionando in modo logico». Però bisogna bene che ragioniamo partendo da punti sicuri, per esempio da affermazioni su stati di fatto o di relazioni così convincenti da non richiedere dimostrazione. Un'affermazione di questo tipo si chiama «assioma».

Nel III secolo prima della nostra era il greco Euclide dettò i 5 assiomi seguenti che sono alla base della geometria (e li chiamava «nozioni comuni» cioè comunemente accettate).

1. Le cose uguali a una stessa cosa sono uguali fra loro.
2. Se a cose uguali si aggiungono cose uguali, i risultati sono uguali.
3. Se a cose uguali si tolgono cose uguali, i resti sono uguali.
4. Cose che si possono sovrapporre esattamente una sull'altra sono uguali.
5. Il tutto è maggiore della parte.

Partendo da certi assiomi deduciamo logicamente certe conseguenze. Metteremo in dubbio gli assiomi, se una deduzione tratta da essi appare assurda o contrasta con la realtà. Quindi gli assiomi non sono verità assolute: sono ipotesi considerate ovvie.

In fisica si incontrano princìpi che per un certo tempo appaiono come verità assolute. Poi si eseguono esperimenti nuovi o si fanno ragionamenti mai fatti prima e si riconosce che quei princìpi generali sono, invece, validi solo in certe condizioni particolari. Per esempio, se i valori di una certa grandezza escono da un intervallo dato, la relazione che essa ha con un'altra grandezza cambia tipo o si modifica: talora una terza grandezza che prima non aveva nessun effetto, comincia a influire sull'andamento del fenomeno.

Quali regole dobbiamo seguire per raggiungere princìpi generali giusti? Francesco Bacone, filosofo inglese del XVII secolo, suggerì di ricorrere alla enumerazione. Se registriamo un grande numero di casi in cui, senza eccezione, si verifica una data circostanza, concludiamo che quella circostanza è una caratteristica costante della natura. Bacone suggerì inoltre di registrare anche lunghe serie di casi negativi che permettano di escludere certe affermazioni generali. Seguì questo processo di enumerazione ed esclusione per ragionare sulla causa del calore e ritenne di individuarla nel movimento. Questo risultato è stato confermato in modo ben più preciso e approfondito dalla fisica moderna. Il modo in cui lo aveva esposto Bacone rimase abbastanza astratto e privo di conseguenze significative.

Il processo con cui passiamo dalla conoscenza di tanti fatti particolari a conoscenze più generali, si chiama «induzione». Si prende come vera un'ipotesi suggerita da osservazioni ed esperimenti e si deducono le conseguenze della sua accettazione.

Il metodo scientifico basato sui passi descritti si chiama ipotetico-deduttivo. Quando si dimostra che una teoria ipotetica è in accordo con l'esperienza e permette di fare previsioni giuste, si dice che essa è verificata: questo non significa che è dimostrata assolutamente vera.

Che cosa vuol dire «falsificare» una teoria?

Quando gli eventi che si dovrebbero verificare in certe condizioni se una data teoria fosse vera, non si verificano affatto e, invece, accadono cose che non dovrebbero accadere secondo la teoria, diciamo che la teoria è stata falsificata. Questo vuol dire che la teoria è stata dimostrata falsa. («Falsificare» non si usa qui nel senso di produrre banconote od oggetti d'arte che sembrano veri e non lo sono.)

Il risultato ottenuto falsificando una teoria è più definitivo di quello che si ottiene quando una teoria è verificata. Infatti non si può escludere che quest'ultima possa essere falsificata in avvenire. Invece possiamo escludere che una teoria falsificata possa essere di nuovo verificata in avvenire.

L'esperimento di Galileo già citato falsificò la teoria di Aristotele secondo cui le velocità di caduta sarebbero state proporzionali ai pesi degli oggetti lasciati cadere.

Che differenza c'è fra invenzione e scoperta? E la realtà fisica esiste davvero?

All'inizio di questo capitolo ho scritto che un'invenzione è una scoperta ecc. Ma c'è differenza fra invenzione e scoperta? Si può sostenere ragionevolmente che una scoperta sia il ritrovamento di qualche cosa che esisteva già. Un'invenzione, invece, è la definizione, la concezione o il progetto di una cosa nuova mai esistita prima. Così parliamo della scoperta dell'America, ma dell'invenzione delle macchine a vapore.

Quelli che preferiscono parlare di scoperte tendono a dar ragione a Platone. Questo filosofo, infatti, sosteneva che esiste un mondo delle idee dove già si trova ogni possibile concetto di ogni possibile cosa che esiste o che esisterà in avvenire. Dunque James Watt scoprì il concetto di macchina a vapore che preesisteva dall'eternità.

Chi parla piuttosto di invenzioni sostiene, invece, che i modi potenziali di mettere insieme oggetti e risorse esistenti sono innumerevoli e che l'inventore ne crea uno, ovviamente fra quelli interessanti, perché di invenzioni che non funzionano affatto, sì, possiamo trovarne infinite.

Le teorie matematiche, invece, non sono arbitrarie. Come scrisse mio padre (lo storico della scienza Giovanni Vacca): «Gli enti matematici, per coloro che alla matematica hanno sacrificato tutta la loro vita, tutte le loro forze, appaiono eterni, immutabili, perfetti, non molto diversamente dal modo col quale li videro per primi Pitagora e Platone».

Sono tentato di dare ragione ai platonici almeno nel senso che il mondo esterno ha realtà oggettiva (mutevole) e che noi la scopriamo, non la inventiamo, né la creiamo. L'opinione contraria potrebbe essere criticata o ridicolizzata in modi estremi, come è accaduto qualche anno fa.

L'idea bislacca che la «realtà» fisica è una costruzione mentale condizionata da fattori sociali e linguistici, «un dogma imposto dall'egemonia post-illuministica sulle "visioni" intellettuali occidentali», è stata sostenuta sfrontatamente (in perfetta malafede e, ovviamente, senza prova alcuna) da Alan Sokal, fisico della New York University, in un lungo articolo di 48 pagine pieno di citazioni di fisici, matematici, psicanalisti, tutte vere, ma contraddittorie, irrilevanti e interpretate in modi perversi. Bada: non si parla delle *teorie* sulla realtà fisica, ma della *realtà* stessa.

Sokal inviò l'articolo alla rivista universitaria di sociologia «Social Text» (pubblicata dalla Duke University), il cui direttore lo prese sul serio e lo pubblicò (nel numero della primavera/estate del 1996) senza commenti cautelativi.

Ecco alcune citazioni dall'articolo:

«Le speculazioni psicoanalitiche di Lacan sono state confermate da recenti sviluppi della teoria quantistica dei campi». «L'assioma dell'uguaglianza nella teoria matematica degli insiemi è analogo al concetto omonimo affermato dal movimento femminista.» «Le teorie quantistiche gravitazionali hanno profonde implicazioni politiche "progressive".» «La scienza "postmoderna" ha abolito il concetto di realtà oggettiva.»

Certo Sokal fece un orrido scherzo da prete ai sociologi della Duke University. Però loro fecero una figura miserevole perché uno studente di fisica appena serio si sarebbe accorto subito che il testo era folle.

Occorre, dunque, che gli scandali si verifichino, ma guai ai responsabili. I guai sono venuti quando Sokal raccontò la storia in un altro articolo sulla rivista «Linguafranca». Qui analizzò la carenza di rigore intellettuale dei sociologi, sottolineando che questa si accompagna spesso alla totale vaghezza amplificata dall'uso delle virgolette. Lui stesso aveva messo fra virgolette «realtà», «visioni», «postmoderno», «nonlinearità», «transitività» ecc., per renderle più vaghe ed evocare una furbesca complicità del lettore. (Notoriamente le virgolette si possono usare solo per parlare della parola invece che dell'oggetto [il leone è carnivoro; «leone» è una parola di 5 lettere] o per riportare le parole di un altro autore.)

Sokal, dunque, ha dimostrato che almeno quei sociologi (e tanti altri che non si scandalizzarono della faccenda) non si resero conto se le idee loro – e quelle degli altri – avessero alcun senso o legame con i fatti. I sociologi accusarono Sokal di malafede, falso e provocazione, una difesa piuttosto debole.

4. COME SI MISURA LA REALTÀ CON I NUMERI. PESI E FORZE FERME

«Durand mi ha imbrogliato, signor giudice! Mi ha venduto un terreno di un acro (cioè un quadrato con il lato di 90 passi) e poi mi ha consegnato un quadrato con il lato di 65 passi!» gridò il grasso Dupont facendo rimbombare l'aula del tribunale.

«No, signor giudice!» rispose Durand. «Gli ho venduto un arpent de Paris, perché io sono parigino – e l'arpent ha un lato di 65 passi.»

La voce del giudice era severa: «Oggi 4 luglio 1781 sentenziamo che l'accordo fra le parti è impossibile. Quindi l'area del terreno dovrà essere di uno jugero militare d'ordinanza, cioè intermedia fra l'acro di Normandia e l'arpent de Paris. La seduta è tolta».

In tutti i paesi del mondo si verificavano pasticci come questo a causa della mancanza di unità di misura universalmente accettate. Le cose migliorarono molto quando il sistema metrico decimale – idea semplice e brillante – fu introdotto in Francia il 18 Germinale dell'anno Terzo della Repubblica Francese (cioè il 7 aprile 1795) per poi diffondersi in tutto il mondo. Il metro fu definito come la quarantamilionesima parte del meridiano terrestre. Nota che il simbolo con cui si indica il metro è semplicemente una m minuscola (è sbagliato scrivere ml per metri lineari per distinguerli dai metri quadrati o cubi). Un cubo con un decimo di metro (un decimetro) di lato fu preso come unità di misura di volume e chiamato «litro». Il peso di un centimetro cubo d'acqua distillata a 25 °C fu preso come unità di misura di peso (o massa: chiarirò più oltre): il grammo (da cui il kilogrammo, kg, uguale a 1000 grammi, peso di un litro d'acqua) e da queste misure si è partiti per definire il Sistema Internazionale di misura (SI, detto anche MKSA, dalle iniziali di Metro, Kilogrammo, Secondo, Ampere), l'unico valido per legge in Italia.

In effetti le definizioni del 1795 si sono rivelate imprecise, anche se possiamo continuare a usarle quando facciamo misure correnti, non scientifiche. Le definizioni vere sono quelle riportate qui di seguito in carattere più piccolo: le riferisco per completezza, ma puoi saltarle, se i tuoi interessi non sono strettamente scientifici.

Il metro è una lunghezza uguale a 1.650.763.73 volte la lunghezza d'onda nel vuoto della radiazione corrispondente alla transizione fra i livelli $2p_{10}$ e $5d_5$ del cripto-86. Il kilogrammo è definito come il peso di un campione conservato a Sèvres, in Francia. Il secondo è un tempo uguale a 9.192.631.770 periodi della radiazione emessa dal cesio-133 (nello stato fondamentale $^2S_{1/2}$ nella transizione fra i livelli F=4 M=0 ed F=3 M=0): non si fa più riferimento, quindi, a 1/60 di minuto, che è 1/60 di ora, che è 1/24 della durata del giorno medio. Un ampere è la corrente elettrica (continua) che fa attrarre due conduttori paralleli a distanza di 1 m con forza di 2.10^{-7} newton/m (e vedremo più oltre come si definisce un newton). Un grado kelvin è definito in modo che il punto triplo dell'acqua sia alla temperatura di 273,16 °K (non ve lo dirò nemmeno che cosa sia il punto triplo).

Ricorda che si possono sommare solo numeri espressi nelle stesse unità di misura: non si possono sommare «pere e mele» (a meno di cambiare unità dicendo che 6 mele più 7 pere sono 13 frutti).

Ovviamente le superfici si misurano in metri quadrati (m^2). Anche i bambini sanno che una stanza di 3 metri per 4 ha un'area di 12 m^2, e che non ha senso sommare metri a metri quadrati. I volumi si misurano in metri cubi (m^3). Un metro cubo si chiama anche «stere».

Lunghezze, aree e volumi sono dimensioni fisiche. Si chiamano così per distinguerle dai numeri puri. È un numero puro il rapporto fra due lunghezze, per esempio quello fra circonferenza e diametro di un cerchio, cioè 3,1415...(π). Per definire le dimensioni di una grandezza si mette fra parentesi quadre l'indicazione: [L] per le lunghezze, [L^2] per le aree e [L^3] per i volumi. Definirò le altre dimensioni via via che introduco i concetti relativi.

Intanto, misurando distanze e tempi possiamo già calcolare le velocità. Siamo già abituati a usare unità di misure diverse: nel Sistema Internazionale si tratta di multipli e sottomultipli per cui si deve solo spostare la virgola nelle espressioni numeriche. Però le cose vengono complicate dalle misure di tempo con le divisioni sessagesimali (in 60 parti) di ore e minuti. Scriviamo una tabella di velocità usuali espresse in m/s e in km/h. È ovvio come costruirla (ricorda che in un'ora ci sono 3600 secondi).

metri/secondo	*km/h*
1	3,6
10	36
20	72
30	108
40	144
50	180
60	216
70	252
80	288
90	324
100	360

Questa tabella servirà più oltre per fare semplici calcoli, ma è già utile perché ci ricorda che quando guidiamo a 180 km/h (velocità usuale per molte auto moderne), a ogni secondo che passa avanziamo di ben 50 m rispetto alla posizione precedente. Dato che il nostro tempo di reazione medio è di circa 0,3 secondi, se vediamo un ostacolo o riceviamo un segnale di pericolo, prima di cominciare a reagire siamo andati avanti già di 15 metri.

Le velocità si misurano in metri/secondo o in km/ora, in generale con unità di lunghezza divise per unità di tempo. Le dimensioni fisiche di una velocità sono, dunque, lunghezze divise per i tempi. Il simbolo per la lunghezza già introdotto è [L], quello per i tempi è [T], perciò le dimensioni di una velocità si indicano come [L/T] o come $[LT^{-1}]$, dato che dividere per una grandezza è la stessa cosa che moltiplicare per quella grandezza elevata all'esponente –1 (meno uno). (Vedi il citato *Anche tu matematico.*)

Qui parlo di velocità costanti, in pratica rare. Sono quasi costanti:

- la velocità alla quale i pianeti si muovono nella loro orbita attorno al Sole;
- (per tempi brevi) la velocità di un treno o di un'auto;
- la velocità di un corpo (anche di un uomo) che cade da grande altezza (parecchie centinaia di metri) in modo tale che la resistenza dell'aria costituisce una forza uguale e contraria al peso.

Galileo Galilei, immaginando solo l'esperimento (che non poteva fare) intuì quest'ultima situazione e nel *Dialogo dei massimi sistemi*, Giornata seconda scrisse:

«Un corpo mobile, come una palla perfettissimamente rotonda che si trovi su un piano esquisitamente pulito (per rimuover tutti gli impedimenti esterni ed accidentali, compresa la resistenza dell'aria) che non fusse né acclive, né declive, se avesse impeto verso qualche parte, seguirebbe il muoversi verso quella parte senza accelerazione, né ritardamento. E se lo spazio in quella superficie fosse interminato, il moto in esso sarebbe parimente senza termine, cioè perpetuo».

(Le parole che ho riportato sono tutte di Galileo. Si vede che sono antiquate: «acclive» vuol dire in salita e «declive» vuol dire in discesa. Ho riordinato il discorso che sarebbe altrimenti troppo dannatamente prolisso anche a causa del dialogo fra i tre personaggi Salviati, Simplicio e Sagredo.)

Il senso del discorso è chiaro: un corpo che sia in moto a

una certa velocità e sul quale non agisca alcuna forza esterna, continua indefinitamente a muoversi in linea retta alla stessa velocità.

Dicevo sopra che Galileo immaginò l'esperimento che non poteva fare. Non conosceva la legge di attrazione universale e, quindi, non gli poteva venire in mente l'idea di un meteorite che viaggia a distanza infinita da ogni altro corpo e va in linea retta a velocità costante. La situazione, però, è del tutto analoga a quella della sfera pesante su un piano senza attrito: infatti peso della sfera e reazione del piano che la sostiene sono identici e non entrano affatto nel processo. Galileo non aveva sfere perfette, né un piano infinito «esquisitamente pulito». Credo che sia stato il primo a definire un esperimento pensato e non eseguito (né eseguibile) per chiarire i termini di una questione. In fisica è normale proporre questi esperimenti pensati e non fatti che si chiamano con termine tedesco *Gedankenexperiment*.

Galileo scrisse anche chiaramente che un corpo fermo sul quale non agisca nessuna forza non comincia a muoversi, continua a stare fermo (*Dialogo dei massimi sistemi*, Giornata prima):

«Ogni corpo costituito per qualsivoglia causa in istato di quiete, ma che per sua natura sia mobile, quando e' fusse indifferente a tutti [cioè non soggetto ad alcuna forza] resterà nella sua quiete non avendo maggior ragione di muoversi a questo che a quello».

Differenza fra massa e peso

Ho scritto sopra che il kilogrammo fu definito nel 1795 come l'unità di peso. In effetti nel Sistema Internazionale (SI) questa unità serve per misurare le masse. Una massa si definisce come una quantità di materia, un peso, invece, è una forza. Questo vuol dire che un oggetto che abbia la massa di un kilogrammo (o di qualunque altro valore) avrà la stessa massa se viene portato sulla Luna dove la gravità è molto più bassa di quella terrestre, su Giove, dove la gravità è molto maggiore o nello spazio a distanza enorme da qualunque altro corpo, tanto che il suo peso si annulla. Invece il peso è una forza, e le forze sono quelle cose (fattori? agenti?) che applicate ai corpi materiali li fanno muovere (più oltre vedremo come).

Qui si genera una certa confusione perché quando parliamo di pesi (che, come detto sopra, sono forze) ci riferiamo, nella quasi totalità dei casi, ai pesi che gli oggetti hanno quando si trovano nel campo gravitazionale terrestre. Non c'è possibilità di errore, quando, usando il linguaggio comune, diciamo: «Io peso 80 chili». In effetti fino a qualche anno fa si usava (e si usa ancora per scopi tecnici) un sistema di misure, detto sistema pratico o degli ingegneri, in cui l'unità di forza era il kilogrammo che veniva chiamato «kilogrammo peso». Una bicicletta che pesa 15 kg (15 kilogrammi peso) ha la massa di 15 kilogrammi.

Quando si parla di forze, è opportuno parlare anche di accelerazioni. Quindi rimando il seguito del discorso su forze e masse al Capitolo 5. Qui per ora parlo solo di forze che non si muovono e non mettono niente in movimento. Potrà sembrare una limitazione notevole ma, in realtà, parlerò (sia pure in modo breve e rudimentale) della statica e della resistenza dei materiali.

Multipli e sottomultipli

Quando diciamo a un negoziante: «Mi dia 3 kili di patate», in genere non riflettiamo sul fatto che il prefisso «kilo» significa mille. In effetti stiamo chiedendo 3000 grammi di patate. Usiamo spesso, dunque, multipli e sottomultipli delle unità di misura del Sistema Internazionale. In fondo al libro riporto una lista di tutte le unità di misura del SI. Qui apro un inciso per ricordare quali siano i multipli e i sottomultipli. Tutti dovrebbero sapere che «deci» vuol dire un decimo dell'unità che segue, «deca» vuol dire dieci volte e «centi» un centesimo. Però è bene elencare tutti i multipli e sottomultipli per comodità e perché i più insoliti sono meno facili da ricordare, mentre lentamente stanno entrando nell'uso.

Multipli	Nome	Simbolo	Sottomultipli	Nome	Simbolo
10	deca	da	0,1	deci	d
100	etto	h	0,01	centi	c
1000	kilo	k	0,001	milli	m
10^6	mega	M	10^{-6}	micro	μ
10^9	giga	G	10^{-9}	nano	n
10^{12}	tera	T	10^{-12}	pico	p
10^{15}	peta	P	10^{-15}	femto	f
10^{18}	exa	E	10^{-18}	atto	a

È triste notare che molte persone ignorano l'uso corretto di questi multipli e sottomultipli che in Italia è imposto dalla legge. Anche banche e ministeri abbreviano «milioni» in «mio» e «miliardi» in «mld». Queste abbreviazioni illegali sono prive di significato. Invece bisogna scrivere 15 M€ (si legge: megaeuro) per abbreviare 15 milioni di euro e 35 G€ (si legge: gigaeuro) per parlare di 35 miliardi di euro. Il debito pubblico italiano si misura in T€ (teraeuro) cioè in migliaia di miliardi di euro.

Bisogna anche evitare di parlare di quintali e tonnellate. Un quintale equivale a 100 kg e una tonnellata si dovrebbe chiamare «megagrammo» (Mg). Adeguiamoci, e rispettiamo la legge.

Le forze ferme

Se tengo in braccio una bella ragazza che pesa 56 kg (con il mio braccio destro sotto la sua schiena e il mio braccio sinistro sotto la piegatura dietro le sue ginocchia) la situazione può essere molto piacevole. Se fra noi c'è un'affettuosa amicizia (come dicono i rotocalchi), ci guardiamo negli occhi e ci baciamo. Però il peso di lei – giusto, non eccessivo – si fa sentire. È una forza che tira verso il basso e che io contrasto perché lei non cada a terra. Non provo nemmeno a sollevarla più in alto, ma fatico ugualmente e dopo un certo tempo considero favorevolmente l'ipotesi di depositarla su qualche sostegno confortevole che eserciti al mio posto una forza verso l'alto uguale al peso di 56 kg.

Poco sopra ho scritto che le forze sono quelle cose che applicate ai corpi materiali li fanno muovere. La frase è incompleta. Bisogna dire: «fanno muovere i corpi, se non sono contrastate da altre forze uguali e contrarie». Il discorso all'inizio del paragrafo dà esempi di forze uguali e contrarie che, quindi, non producono movimento. Se ne elimino una (abbandonando le mie braccia lungo i fianchi), la forza-peso della ragazza non è più contrastata e lei cade a terra. Probabilmente si incrinano il suo coccige e i nostri rapporti e vedremo più oltre quanto tempo impiegherà per arrivare a terra dalla quota di circa 1,6 metri alla quale la tenevo.

È vitale che non si muovano le forze presenti nelle costruzioni: case, ponti, tralicci delle linee elettriche. Se si muovessero, queste strutture subirebbero deformazioni e, magari, crollerebbero.

Non c'è bisogno che le forze ferme di cui parliamo si annullino due a due: ciascuna con un'altra forza uguale e contraria. L'importante è che la loro forza risultante sia nulla. Per esempio può accadere che in un traliccio ci siano 4 elementi (in genere profilati di ferro) che sono incernierati in uno stesso punto N, come rappresentato nella Figura 4.1. Le forze trasmesse da queste sbarre rettilinee sono dirette secondo l'asse delle sbarre stesse. Possiamo rappresentarle graficamente con frecce che abbiano la stessa direzione dell'asse delle sbarre e lunghezza proporzionale all'intensità della forza. Allora nel punto N agiscono le 4 forze dovute alle 4 sbarre e la loro risultante deve essere zero, cioè il poligono delle 4 forze deve essere chiuso, come rappresentato nella Figura 4.1.

La forza F1 è diretta dall'alto verso il basso e la freccia corrispondente parte dalla punta della forza F4 (diretta dal basso verso l'alto). Dunque F1 e F4 si bilanciano parzial-

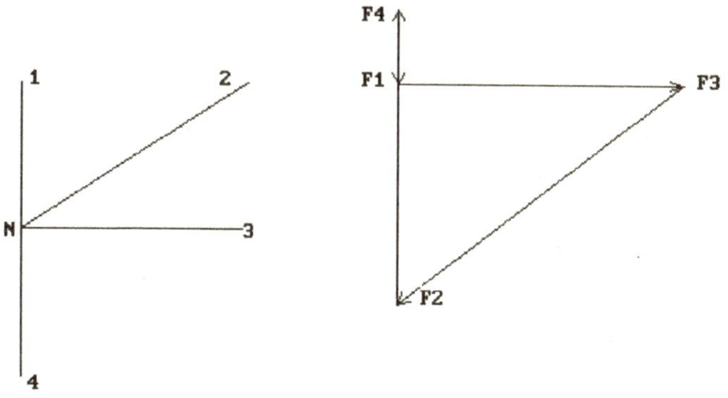

Figura 4.1 Poligono delle forze agenti sul nodo N dalle 4 sbarre 1, 2, 3 e 4

mente, ma F4 ha valore maggiore di F1. Le sbarre 1 e 4 sono dunque compresse (tecnicamente si chiamano «puntoni»). La parte di F4 non bilanciata da F1 viene contrastata dalla componente verticale della forza F2, che anch'essa spinge sul nodo N (anche la sbarra 2 è un puntone). Invece la forza F3 esercita una trazione diretta verso destra sul nodo N, la quale bilancia la componente orizzontale della forza F2 diretta verso sinistra. La sbarra 3 è un tirante.

Se la punta della freccia della forza F3 non andasse a finire dove comincia la freccia della forza F2, allora il segmento che unisce la punta di F3 con l'inizio di F2 rappresenterebbe la forza risultante sul punto N – non contrastata da altre forze. Il punto si muoverebbe – e la struttura si deformerebbe.

Qualcuno mi obietterà che questo modo di presentare le cose non è da fisici, ma è da carpentieri metallici (o metalmeccanici). Anzitutto rispondo che qualunque fisico è perfettamente in grado di fare considerazioni e calcoli come questi sui tralicci metallici e, poi, in questo modo credo di aver chiarito come si debbano bilanciare le forze sulle strutture ferme destinate a sorreggere pesi (tetti, edifici, travature, ponti).

«Che cosa succede quando una forza irresistibile si scontra con un corpo del tutto infrangibile e inamovibile?» Richard Feynman, il fisico Premio Nobel, raccontava che suo padre gli pose questa domanda quando lui era ragazzo.

Ovviamente la domanda non ha risposta. Infatti gli enti citati – forze irresistibili e corpi inamovibili – non esistono: nessuno ne ha mai suggerito una definizione, né ne abbiamo esperienza.

Abbiamo esperienza, invece, della rottura di oggetti, che si usurano (come le parti dei motori), vanno a pezzi (come le coppe di cristallo che cadono a terra), si corrodono (come il ferro dei balconi nelle case al mare). Qui eviterò di parlare delle conseguenze degli urti, sebbene l'argomento sia interessante. Galileo Galilei fece osservazioni acute su questi eventi che sono stati studiati con successo. La trattazione, però, è un po' complicata e conviene rimandarla a un eventuale seguito del presente libro. La stessa considerazione vale per i fenomeni di corrosione (per capirli bene bisogna sapere parecchia chimica) e per quelli di usura (che sembrano semplici, ma non lo sono).

Ora ci occuperemo solo della resistenza dei materiali a carichi fermi che li comprimono o li tirano (li sottopongono a trazione). Se questi carichi sono eccessivi, il materiale si rompe.

Tutti conoscono la storia proverbiale del cammello sulla cui schiena gradatamente era stato messo un carico enorme. Poi qualcuno ci aggiunse un filo di paglia, e la schiena del cammello si ruppe. La storia non è letteralmente vera, ma dà l'idea del fatto che per ogni materiale esiste un valore della sollecitazione tale che, se viene superato, il materiale si rompe. [La sollecitazione – di pressione o di trazione – va riferita alla sezione del materiale che la sopporta: l'area della sezione di una corda, di un profilato metallico o di un pilastro, l'area (in pianta) di un muro che sostiene un tetto (oltre a sé stesso). Dunque la sollecitazione si misura in kg/mm^2.]

ATTENTO! I kilogrammi (kg) di cui parliamo sono forze, in genere pesi. Cioè sono le forze corrispondenti a certe masse in conseguenza del fatto che su di esse agisce la forza di gravità dell'attrazione terrestre. Ci avviamo a parlare di questioni tecniche e useremo, perciò, i kilogrammi-peso. Poi nel capitolo seguente dovrai disimparare a usarli e userai l'unità di forza del Sistema Internazionale – il newton – più conveniente per ragioni che vedremo.

Quando si applica una forza a un oggetto qualsiasi, questo si deforma. Lo vediamo bene quando tiriamo un elastico di gomma o una piccola molla presa da un giocattolo: la forza con cui li tiriamo è piccola e la deformazione è grande, dell'ordine di centimetri. Ci accorgiamo anche di quanto balli un pavimento antico, se ci camminiamo o saltiamo sopra. Quando balla si deforma perché i travetti sono di legno e sono sottili. Invece non ci rendiamo conto delle deformazioni di una sedia pesante quando ci sediamo, né di quelle di un pavimento moderno sorretto da una travatura in cemento armato. Eppure queste deformazioni ci sono, anche se sono piccolissime, e quando la forza applicata viene tolta, scompaiono: il materiale torna a prendere la forma originaria.

Quando un materiale si comporta così, si dice che è elastico (vedi più oltre il paragrafo «Uso tecnico di parole usuali»). Uno dei materiali più elastici è l'acciaio (che è una lega di ferro e carbonio). Le molle e le balestre delle auto sono fatte di acciaio. Una biglia di acciaio rimbalza più o meno come una palla di gomma, anche se la deformazione che subisce è molto più piccola, difficile da apprezzare.

La deformazione percentuale di un materiale conseguente all'applicazione di una forza è proporzionale alla tensione (compressione o trazione) prodotta nel materiale stesso. Questa legge di proporzionalità fu scoperta dal fisico britannico Hooke e si scrive normalmente:

$$\sigma = E\,\varepsilon$$

σ (sigma) è la tensione espressa in kg/mm², ε (epsilon) è la deformazione percentuale che, quindi, è un numero puro. In altre parole ε è il rapporto (moltiplicato per 100) fra la deformazione (accorciamento o allungamento) del materiale e la sua lunghezza originaria. E è una costante caratteristica di ogni materiale: si chiama modulo di Young e ha le dimensioni di una tensione (kg/mm²).

La tabella seguente dà per alcuni materiali i valori del peso specifico (ricordi? il peso specifico dell'acqua vale 1, in base alla definizione originaria del kilogrammo), del modulo E, della sollecitazione F_{DP} e della sollecitazione F_R.

F_{DP} è il valore della sollecitazione oltre la quale il materiale rimane deformato permanentemente anche dopo che viene tolta la forza applicata (il materiale, cioè, non si comporta più in modo elastico). F_R è il valore della sollecitazione che causa la rottura del materiale.

[Quando parlo di sollecitazioni, mi riferisco a valori di forze per unità di superficie: si tratta di tensione (se tiro) e di pressione (se comprimo). Le dimensioni fisiche di queste grandezze sono illustrate nei Capitoli 5 e 6].

I valori riportati sono puramente indicativi. Per varie essenze di legno, vari tipi di leghe metalliche e vari processi di fabbricazione, i valori possono cambiare notevolmente.

Materiale	*densità (kg/dm³)*	*F_{DP} (kg/mm²)*	*F_R (kg/mm²)*	*E (kg/mm²)*
legno	0,5		5	10^3
fiberglass	2,2		15	$1{,}5 \cdot 10^3$
muro di mattoni e calce	2		0,05	$0{,}1 \cdot 10^3$
lega di alluminio	2,7	20	30	$7 \cdot 10^3$
acciaio	7,8	25	50	$21 \cdot 10^3$
titanio	4,5	50	80	$11 \cdot 10^3$

Quando si progetta una struttura, naturalmente non ci si limita a prevedere l'impiego di elementi costruttivi la cui sollecitazione di rottura massima F_R sia appena appena maggiore di quella prodotta dai carichi previsti. Si introducono coefficienti di sicurezza di 4-5 o anche più, in modo che i carichi previsti producano al massimo sollecitazioni uguali a 1/4, 1/5 o 1/N di quella di rottura. Così ci si trova in condizioni di sicurezza anche se i carichi sono maggiori di quelli previsti per imprudenza o per cause accidentali.

Provo, ora, a illustrare come si possano impiantare semplici calcoli di ingegneria strutturale usando solo le 4 operazioni, e un po' di buon senso.

Consideriamo il calcolo strutturale di un edificio tradizionale in mattoni pieni: è molto più semplice del calcolo di strutture in cemento armato. Bisogna considerare solo il peso dei muri, dei solai, del tetto e dei sovraccarichi gravanti sui pavimenti (mobili, persone, macchine) e determinare lo spessore dei muri adeguato a sostenerlo. Il buon senso suggerisce correttamente che se un mattone viene caricato con un peso eccessivo si sbriciola. Non si può superare un certo valore di kg di peso per centimetro quadrato del mattone [che è 100 volte maggiore di F_R (carico di rottura per mm^2) diviso per il coefficiente di sicurezza; prendiamo, dunque 5 kg/cm^2]. Se il peso è tanto, bisogna fare il muro più largo, così ci sono più centimetri quadrati. Naturalmente così il muro pesa di più e i muri sottostanti devono sostenerlo.

Dunque il peso totale sarà quello (che chiamiamo P_1) di tutte le strutture dei piani superiori (tetto, solai, altri muri, sovraccarichi) più il peso P_2 del muro che è uguale al suo volume per il suo peso specifico (chiamiamolo d). Il volume è dato dal perimetro (S) moltiplicato per lo spessore (L) e per l'altezza (A) del piano. La superficie che sostiene il peso è uguale al perimetro per lo spessore. Dunque la pressione da calcolare (che dovrà essere molto più bassa di quella di rottura per garantire la sicurezza) è data dalla quantità $[P_2 + S \cdot L \cdot A \cdot d]$ divisa per l'area $[S \cdot L]$. La pressione, dunque, è

$$p = (P_1/SL) + \frac{S \cdot L \cdot A \cdot d}{SL} = P_1/SL + A \cdot d$$

Il peso specifico d si misura in kg/cm^3 [in queste unità, dato che 1 dm^3 contiene 1000 cm^3, per la muratura d = 0,002 kg/cm^3]; l'altezza A del muro in cm, dunque il risultato è una pressione (in kg/cm^2). Se la pressione così calcolata risulta troppo alta, si fa crescere lo spessore L e cala la pressione dovuta al carico P_1, mentre l'aumento dello spessore del muro non fa crescere la pressione dovuta al peso proprio. Una volta determinato uno spessore del muro con il quale la pressione sia giusta, si calcola il peso del muro medesimo, ci si aggiungono di nuovo i pesi dei solai e dei carichi che insisteranno su di essi e si determina così un nuovo valore del peso P_1 che insiste sul muro del piano inferiore. Lo spessore di questo si calcola, allora, nello stesso modo già descritto sopra.

Naturalmente il progetto dovrà comprendere parecchi altri calcoli, ma quello che ho riportato si fa davvero: è parte essenziale del progetto.

Le forze ferme che tendono a far ruotare gli oggetti

«Datemi un punto di appoggio e solleverò il mondo!» pare dicesse Archimede dopo aver capito bene il funzionamento delle leve di ogni tipo. Anche noi dovremmo averlo capito bene. Supponi di voler sollevare un vaso di fiori che pesa 120 kg, per inserirci sotto qualche pezzetto di mattone (così sta alto e il foro sottostante fa sfogare l'acqua). Se non sei un gigante forzuto, non ce la fai e, se ci provi, rischi uno strappo muscolare. Allora ti procuri un pezzo di legno robusto o un profilato di ferro con la sezione di qualche centimetro. Lo infili sotto il bordo del vaso e ci metti sotto un pezzetto di mattone o un sasso. La distanza fra il sasso e il bordo del vaso sarà di 3 cm e diciamo che la sbarra sia lunga 90 cm – così sporge dal sasso di 3 cm verso il vaso e di 87 cm dalla parte tua. Ora afferri l'estremità della sbarra e la spingi in basso. Se la tua mano è larga 10 cm, eserciterai lo sforzo verso il basso a 5 cm dall'estremità, cioè a 82 cm dal sasso. Dovrai sollevare solo metà del peso del vaso, perché l'altra metà appoggia a terra dalla parte opposta a quella dove inserisci la sbarra. Dunque devi sollevare 60 kg che gravano alla distanza dal fulcro (detta «braccio») di 3 cm. Invece la forza che eserciti tu dista dal fulcro di 82 cm (ha un braccio 27 volte più grande). Se spingi con una forza di 3 cm × 60 kg/82 cm = 2,195 kg, il vaso starà ancora in equilibrio (starà lì lì per muoversi). Se spingi più forte, il vaso si solleva e con l'altra mano ci puoi infilare sotto i pezzetti di mattone.

Il principio mi pare chiaro: un corpo rigido non ruota intorno a un asse (una retta) se è zero la somma di tutti i prodotti delle forze (che potrebbero tendere a farlo ruotare) per le distanze di ciascuna forza dall'asse.

Se ci sono due forze, si ha equilibrio se

$$F_1 \cdot b_1 = F_2 \cdot b_2$$

se le forze sono N, allora si ha equilibrio quando

$$\Sigma_{i=1}^{N} \; F_i \, b_i = 0$$

Per brevità un prodotto di una forza per la distanza da un asse si chiama «momento». Nella sommatoria si prendono come positivi i momenti che tendono a far ruotare l'oggetto in senso orario e come negativi quelli che tendono a farlo ruotare in senso antiorario.

Il calcolo dei momenti è importante quando consideri il peso di un balcone su cui stai in piedi, e il peso P del tuo corpo costituisce un carico che tende a far ruotare verso il basso le travi che fissano il balcone a un muro. Si spera bene che le travi non ruotino e a questo scopo i prodotti delle forze per le distanze dal punto di incastro devono essere uguagliati e contrastati da prodotti contrari tra le forze che il muro esercita sulla parte incastrata della trave e il fulcro dell'incastro.

Tu non precipiti in strada, perché il muro esercita sulla trave una forza diretta verso l'alto uguale al tuo peso, come abbiamo visto nel paragrafo «Le forze ferme». In effetti questa forza che bilancia il tuo peso è la risultante delle forze esercitate dal muro sulla trave verso l'alto (vicine alla superficie esterna del muro) e delle forze esercitate dal muro sulla trave verso il basso (vicine all'estremità della trave infissa nel muro). Il peso P e la risultante delle forze esercitate dalla trave sul muro costituiscono una coppia, che tende a far ruotare la trave in senso antiorario (vedi Figura 4.2). Il momento della coppia

$$M = PL$$

si chiama momento flettente ed è bilanciato dal momento delle coppie costituite dalle forze sopra descritte che il muro esercita sulla parte incastrata della trave.

Nella Figura 4.2 è rappresentato lo schema di una trave incastrata di lunghezza L che si flette per effetto del peso P applicato alla estremità libera (a sinistra). (Per renderle più facili da apprezzare, le deformazioni sono esagerate: una trave così grossa si fletterebbe tanto solo se fosse fatta di gomma.) Se il peso P fosse appeso a una trave lunga 2L produrrebbe un momento flettente 2PL doppio del precedente. Nel Capitolo 3 avevo accennato che «Se, per fletterli, li afferriamo alle estremità – a parità di diametro – i bastoni più lunghi si rompono più facilmente di quelli corti». Ora capiamo perché: a parità di forza applicata il momento flettente è maggiore nei bastoni più lunghi.

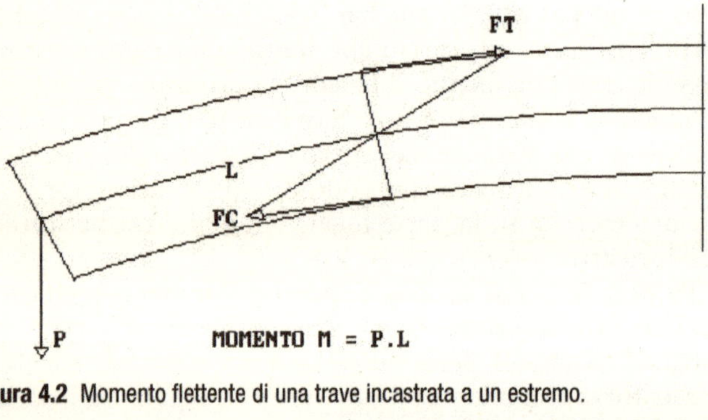

Figura 4.2 Momento flettente di una trave incastrata a un estremo.

Al momento dovuto al peso P appeso all'estremità della trave bisogna aggiungere quello dovuto al peso proprio della trave. Se questo è piccolo rispetto a PL, possiamo trascurarlo. I momenti flettenti si possono calcolare in tutte le sezioni della trave. Abbiamo visto che all'incastro il momento flettente è PL. A metà della lunghezza della trave è PL/2. A un quarto della lunghezza dalla punta, il momento è PL/4 e così via.

E quali sono le forze che formano coppie e bilanciano questi momenti flettenti? Per capirlo basta pensare all'esperienza che tutti abbiamo avuto di spezzare un ramo di albero per accendere un fuoco. Quando lo flettiamo, si incurva. Le fibre del legno situate all'esterno (nella parte convessa) si tendono (sono sottoposte a trazione). Le fibre del legno situate all'interno (nella parte concava) sono compresse. La resistenza del legno a trazione è minore della resistenza a compressione, quindi, quando il ramo si rompe, si spezzano prima le fibre esterne.

Gli sforzi sul ramo che flettiamo (o sulle travi flesse) passano gradatamente da trazione (all'esterno), decrescono fino a una fibra interna su cui la sollecitazione è zero e poi diventano di pressione (e raggiungono il valore massimo di compressione all'interno). La somma di tutte le coppie elementari di trazione e compressione costituisce il momento resistente a quello esterno.

In una generica sezione intermedia sul bordo superiore della trave la parte destra esercita lo sforzo di trazione FT sulla parte sinistra. Sul bordo inferiore della stessa sezione, la parte destra esercita lo sforzo di compressione FC sulla parte sinistra. Nel punto intermedio fra il bordo superiore e quello inferiore lo sforzo è nullo: cresce linearmente verso l'alto (trazione) fino a raggiungere il valore FT. Cresce linearmente verso il basso (compressione) fino a raggiungere il valore FC.

Se, invece, la trave è molto lunga, il momento dovuto al peso proprio è notevole. Dato che ogni tratto di trave dà un suo contributo al momento e che la dipendenza è lineare, all'incastro il momento dovuto al peso proprio è uguale al prodotto del peso totale della trave PT per la metà della sua lunghezza. Galileo Galilei affrontò e risolse per primo il problema di calcolare la lunghezza massima che una trave incastrata a un estremo può raggiungere senza rompersi per effetto del peso proprio.

Un altro esempio di momenti è quello di un albero cilindrico orizzontale su cui siano state montate due pulegge (ruote scanalate all'esterno in modo che ci si possa far scorrere una corda). Se una puleggia ha il raggio di un metro (1 m) e l'altra ha il raggio di 0,5 m, l'albero non gira se attacchi alla corda della prima puleggia un peso di 40 kg e alla corda della seconda (avvolta in senso opposto alla prima) un peso di 80 kg. Qui la forza dei due pesi (120 kg) viene bilanciata dalla forza che l'albero esercita sulla prima puleggia (40 kg) e da quella che esercita sulla seconda (80 kg), mentre le due coppie (40 kg × 1 m = 80 kg × 0,5 m) si bilanciano fra loro.

Si possono fare tanti altri esempi: una gru che solleva un peso ed è bilanciata da un contrappeso; un bullone che comincia a svitarsi quando il prodotto della forza che esercito sulla chiave inglese per la lunghezza della chiave uguaglia e poi supera la somma dei prodotti delle forze che serrano il bullone e che creano attrito a distanza dall'asse per quelle distanze.

Sono esempi ovvi dopo quanto detto e mi pare inutile insistere. Ricorda solo che non si muovono, né ruotano i corpi quando sono zero sia la somma delle forze esterne applicate, sia la somma dei momenti esterni.

Uso tecnico di parole usuali

Quando parliamo di cose scientifiche o tecniche, è importante esprimersi con precisione e anche usare parole che non lascino dubbi in chi ascolta o legge. Spesso ci sono due o più parole che hanno lo stesso significato (sinonimi). Però alcune di esse sono più usuali di altre, e faremo bene a usare proprio quelle. Ci succede di leggere una pagina e di trovarla difficile: poi ci spiegano bene un paio di parole che non avevamo capito e tutto risulta chiaro.

Per esempio quasi tutti sanno che «perpendicolare» significa «ad angolo retto». Qualche volta alcuni scrivono «ortogonale» invece di «perpendicolare» e non si fanno capire da chi non sa che questi due aggettivi sono sinonimi (vogliono dire la stessa cosa).

Quando parliamo in modo familiare, usiamo parole con significati un po' vaghi. Per esempio diciamo che qualcuno ha la testa dura o che ha la testa di legno. Consideriamo il legno un materiale duro e, certo, non è soffice. Per essere precisi, la durezza è una caratteristica della superficie dei materiali. È difficile rigare o consumare la superficie di un oggetto duro. Gli oggetti duri talora sono fragili come il vetro. Il ferro non è molto duro, ma è più duro del piombo. L'acciaio è più duro del ferro, ma soprattutto è più elastico del ferro.

Ho già raccontato sopra che cosa significhi davvero «elastico». Quando usiamo questa parola, non dovremmo pensare subito a piccoli anelli di gomma a sezione generalmente quadrata con cui teniamo insieme fasci di carte o evitiamo che un foglio arrotolato si srotoli. Il contrario di «elastico» è «plastico». È plastico il piombo. È ancora più plastica la creta. A certe sostanze plastiche possiamo dare una forma qualsiasi finché restano a una data temperatura: portate a una temperatura superiore si induriscono e conservano la forma assunta. Per questo si chiamano «termoindurenti».

La durezza e l'elasticità non indicano quanto sia facile o difficile rompere un oggetto. Abbiamo già visto nel paragrafo sulla resistenza dei materiali che esiste uno sforzo massimo (espresso in kg/cm^2 o in kg/mm^2) oltre il quale il materiale si rompe. Gli sforzi possono essere causati da trazione, compressione, flessione, torsione e taglio (questi ultimi sono causati dall'applicazione di due forze uguali e contrarie che hanno lo stesso effetto di una cesoia).

Ho detto che non parlerò qui degli urti. Dico solo che la caratteristica di un materiale di resistere a urti (martellate, scontri) si chiama «resilienza». Si misura con macchine apposite. Anche il tuo modo di parlare si può arricchire, se dici che è resiliente una persona capace di resistere non solo a situazioni pesanti continue, ma anche a gravi colpi improvvisi del destino.

La precisione nell'esprimere i numeri

Parecchi anni fa le temperature minime e massime misurate dall'Ufficio meteorologico dell'Aeronautica per le varie città venivano date (e lette alla radio) specificando anche i decimi di grado. Torino 2,8 °C, Milano 3,4 °C, Roma 9,3 °C. Oggi i decimi di grado vengono trascurati. Le temperature elencate vengono date come: Torino 3 °C, Milano 3 °C, Roma 9 °C. È più ragionevole fare così perché la precisione delle informazioni precedenti era illusoria. La temperatura si misura in un solo punto, in genere all'aeroporto, ma intorno al punto di misura e nel territorio di una città le temperature variano di uno o due gradi. Registrare i decimi di grado fornisce una precisione solo ideale che non corrisponde a valori reali.

La precisione più opportuna delle misure e dei numeri che usiamo dipende dal nostro scopo finale. La distanza dall'inizio dell'Autostrada del Sole a Milano fino al Grande raccordo anulare di Roma è di 553 km. Se il nostro scopo è quello di valutare quanta benzina consumeremo su questo percorso o quanto tempo durerà il viaggio, non ci importa sapere se, in effetti, quella distanza è di 553,1 km oppure di 553,9. Fra i due casi la differenza nella quantità di benzina consumata è di un decimo di litro e quella nei tempi di viaggio è di poche decine di secondi.

Se, invece, stiamo facendo la contabilità dei lavori con la ditta costruttrice, la precisione deve essere di pochissimi metri e non di centinaia di metri, perché un kilometro di autostrada costa alcuni milioni di euro.

Un caso in cui è bene esprimere i numeri che trattiamo con una precisione molto spinta (anche di una parte su un miliardo o più) è quello di calcoli molto lunghi e complessi eseguiti su computer. Questo dipende dal fatto che, se ci limitassimo a usare tre o quattro decimali, a ogni operazione che eseguiamo arrotonderemmo il risultato per difetto. Ricordiamo che, se moltiplichiamo due numeri espressi con 3 decimali come 8,367 e 9,863, otteniamo un numero con 6 decimali (82,523721). Se di questo risultato conserviamo solo tre decimali, perdiamo approssimazione, cioè buttiamo via una parte della precisione ottenuta. Se continuiamo a fare così per migliaia e migliaia di volte, alla fine avremo introdotto nei calcoli un grosso errore (detto di arrotondamento), tanto che i risultati finali saranno affetti da errori gravi o addirittura privi di senso.

Per imparare bene quali siano i metodi di calcolo migliori, come si evitino gli errori e così via, bisogna studiare una disciplina che si chiama *calcolo numerico*. Si insegna nelle facoltà di scienze e di ingegneria.

5. COME SI MUOVONO I CORPI CHE SI MUOVONO

Galileo Galilei era cattolico osservante. Andava a messa nel Duomo di Pisa. Conosceva bene le preghiere ripetute dal prete che, quindi, spesso non catturavano più la sua attenzione. Si distraeva. Seguiva i suoi pensieri complicati. Guardava le cose che si muovevano intorno a lui. Si era chiesto se fosse valida la messa cui assisteva pensando ad altro. Concluse, però, che anche osservare qualche dettaglio del creato era una forma di preghiera. Quella mattina del 1583 Galileo aveva visto il sacrestano che accendeva i lampadari appesi al soffitto con lunghe catene. Il lampadario a lui più vicino oscillava. Così misurò il tempo impiegato per un'escursione completa da destra a sinistra e di nuovo fino al punto più alto: sei battiti del suo cuore.

Poi si era ripreso e aveva mormorato le parole della messa: «*Sursum corda. Habemus ad Dominum. Gratias agamus Domino Deo nostro. Dignum et iustum est. Vere dignum et iustum est...*»

Non aveva potuto fare a meno di notare che il lampadario compiva ora escursioni più corte. Stimava che il percorso fosse quasi dimezzato. Misurò ancora il tempo di un'oscillazione completa: era lo stesso. Di nuovo sei battiti del suo cuore. Più tardi entrarono alcune folate di vento dal grande portale aperto e le oscillazioni del lampadario si fecero un po' più ampie che all'inizio, quando la sua quiete era stata disturbata per l'accensione. E ancora una volta le oscillazioni complete prendevano sei battiti di cuore.

Galileo registrò quei fatti, su cui costruì certe sue ben note teorie. (Ricordi? A scuola devono averti insegnato che «le piccole oscillazioni dei pendoli sono isocrone»: è proprio quello che scoprì Galileo appena ventenne.) Parecchio tempo dopo Galileo fece l'esperimento delle due palle di marmo di peso diverso che, fatte cadere dalla torre di Pisa, arrivarono a terra insieme. Ma si chiese: «Quanto ci hanno messo?» Senza un cronometro preciso trovava difficile misurare quel tempo di caduta. Tre battiti del suo cuore? Forse quattro, ma non aveva modo di valutare le frazioni di battito.

Avrebbe dovuto rallentare la caduta. Provò a far scendere pezzi di marmo in un recipiente d'acqua, ma non era l'esperimento giusto. L'immersione nell'acqua aveva per effetto una diminuzione del peso del marmo. Lo aveva trovato Archimede: l'oggetto immerso riceve una spinta verso l'alto uguale al peso dell'acqua spostata. Ma nell'aria i corpi di peso diverso cadono in tempi uguali su distanze uguali. Nell'acqua il rallentamento dipende dalla resistenza del mezzo che è molto maggiore di quella dell'aria, ma non gli veniva in mente nessun modo per misurarla.

Poi pensò: «Per rallentare la discesa di una sfera conviene farla rotolare su un piano inclinato». Così fece costruire una grande tavola di legno lunga 30 canne e ci praticò una scanalatura levigata larga mezzo palmo. Ricoprì la canaletta con un foglio ben adattato di pergamena lucida. Quando la tavola era orizzontale, una sfera di bronzo ben levigata con diametro appena inferiore a quello della scanalatura, ci scorreva facilmente. Se la spingeva con un dito, correva quasi fino alla fine: l'attrito era basso. Infine costruì un trespolo per sollevare un'estremità della tavola di metà della sua lunghezza: 15 canne. E segnò le distanze che la sfera percorreva dopo una, due, tre pulsazioni, ma appena alla terza, la sfera era arrivata in fondo alla tavola. Allora ne fece fare una più lunga e la inclinò di meno.

Senza riprendere le misure di Galileo, vediamo come vanno le cose con le misure moderne del Sistema Internazionale. Concentriamo la nostra attenzione su una tavola lunga 50 m che viene sollevata a un'estremità di 5 m, 2,5 m e di 1 metro. La situazione è rappresentata nella Figura 5.1. Il

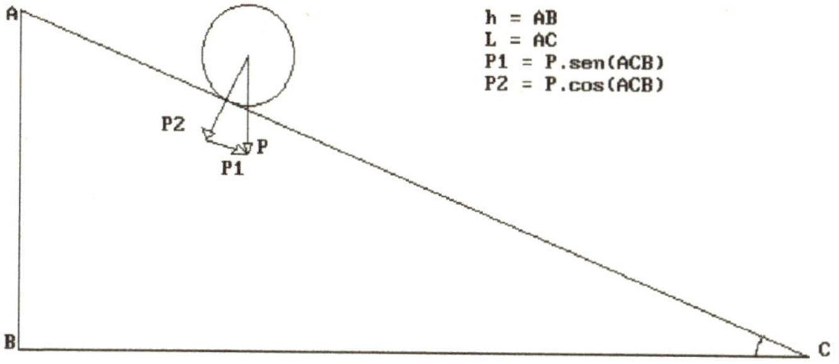

Figura 5.1 Sfera che rotola su un piano inclinato: scomposizione del peso.

segmento AC è lungo L (50 m). Il segmento AB ha altezza h: in questa simulazione che facciamo degli esperimenti di Galileo, gli diamo i tre valori di 1 metro, 2,5 e 5 metri.

Galileo, dunque, fece parecchie misure registrando i tempi con i battiti del suo cuore e segnò le distanze percorse alle varie inclinazioni. Nella Tabella 5.1 ho riportato i tempi nella prima riga e ho supposto che il cuore di Galileo battesse a 60 pulsazioni al minuto: un battito al secondo. Seguono tre gruppi di 4 righe ciascuno relativi ai tre valori di h. Nella prima riga di ogni gruppo ho riportato i tempi percorsi. Nella seconda riga le velocità medie Vm (ottenute dividendo gli spazi percorsi per i tempi impiegati) e nella terza riga le velocità finali Vfin, che, come spiego più oltre, sono uguali al doppio delle velocità medie. Nella quarta riga ho segnato i dislivelli di cui la sfera è scesa dalla posizione iniziale al secondo indicato in colonna. Le 4 righe del secondo gruppo si fermano al secondo 14 e le 4 righe del terzo si fermano al secondo 10, perché nei due casi chi sperimenti davvero vedrà a quei tempi la sfera arrivare alla fine del piano inclinato.

Galileo non fece esattamente gli esperimenti che ho descritto qui. Ne fece, però, altri, essenzialmente equivalenti. La sua trave scanalata era lunga 12 cubiti, larga mezzo cubito e spessa 3 dita. Non ho controllato l'equivalenza di queste misure perché è inessenziale. Se Galileo avesse usa-

h	*tempi (s)*	*1*	*2*	*3*	*4*	*5*	*6*	*7*	*8*	*9*	*10*	*11*	*12*	*13*	*14*	*15*	*16*	*17*	*18*	*19*	*20*
1 m	spazi (m)	.098	.39	.88	1.57	2.45	3.53	4.8	6.28	7.95	9.81	11.87	14.12	16.57	19.22	22.05	25.08	28.32	31.75	35.38	39.2
	Vm (m/s)	.098	.196	.29	.39	.49	.59	.69	.78	.88	.98	1.08	1.18	1.27	1.37	1.47	1.57	1.67	1.76	1.86	1.96
	Vfin (m/s)	.196	.39	.58	.78	.98	1.18	1.37	1.57	1.77	1.96	2.16	2.36	2.54	2.74	2.94	3.14	3.33	3.53	3.73	3.92
	dislivello (m)	.002	.008	.018	.031	.05	.07	.096	.125	.16	.196	.237	.28	.33	.38	.44	.5	.566	.635	.7	.784
2,5 m	spazi (m)	.245	.98	2.2	3.92	6.12	8.82	12	15.68	19.84	24.5	29.65	35.28	41.4	48						
	Vm (m/s)	.245	.49	.73	.98	1.22	1.47	1.71	1.96	2.2	2.45	2.68	2.94	3.18	3.43						
	Vfin (m/s)	.49	.98	1.47	1.96	2.45	2.94	3.42	3.92	4.4	4.9	5.39	5.88	6.36	6.862						
	dislivello (m)	.012	.049	.11	.196	.306	.441	.6	.784	.992	1.225	1.48	1.76	2.07	2.4						
5 m	spazi (m)	.49	1.96	4.41	7.84	12.25	17.64	24	31.36	39.69	49										
	Vm (m/s)	.49	.98	1.47	1.96	2.45	2.94	3.42	3.92	4.4	4.9										
	Vfin (m/s)	.98	1.96	2.94	3.92	4.9	5.88	6.862	7.84	8.82	9.8										
	dislivello (m)	.049	.196	.441	.784	1.225	1.764	2.4	3.136	3.969	4.9										

Tabella 5.1 Tempi (in secondi) e spazi percorsi (in metri) da una sfera levigata che rotola in una scanalatura su un piano inclinato lungo 50 metri e con una estremità sollevata da terra di un'altezza h, uguale a 1 metro, 2,5 metri e 5 metri.

In ciascuna colonna sotto la casella dello spazio percorso è riportata Vm che è la velocità media in metri al secondo, cioè lo spazio scritto nella riga superiore diviso il tempo. Nella casella ancora inferiore è riportata la velocità finale Vfin (in metri al secondo) che è uguale al doppio della velocità media (vedi testo). Noti niente nei numeri di questa tabella? Guarda bene: i numeri minori di 1 sono scritti senza lo zero davanti e con un punto invece della virgola (c'è scritto .098 invece di 0,098). Tutte le volte che in Italia metteremmo una virgola, ho usato un punto (2.2 invece di 2,2). Questa è la convenzione usata negli USA e in Inghilterra (che usa le virgole quando noi adoperiamo i punti per separare le migliaia), che sta diventando internazionale. Faremmo bene a uniformarci anche noi come gli anglosassoni si stanno uniformando al Sistema Internazionale. Nel resto del libro continuo a usare le convenzioni italiane. Lascio questa tabella così, per provocazione e per memoria.

to il Sistema Internazionale sarebbe giunto alle stesse conclusioni.

Non raccontò i suoi esperimenti con il linguaggio che userò qui (impiegando qualche semplice risultato della trigonometria). Usò un linguaggio più discorsivo, ma non c'è dubbio che capì esattamente le leggi del moto degli oggetti che cadono per la forza della gravità che chiamò per primo «moto uniformemente accelerato».

Galileo scrisse, infatti, nel *Dialogo dei massimi sistemi* (Giornata seconda):

> ...l'accelerazione del moto retto dei gravi si fa secondo i numeri *impari ab unitate*, cioè che segnati quali e quanti si voglino tempi uguali, se nel primo tempo partendosi il mobile dalla quiete, averà passato un tale spazio, come una canna, nel secondo tempo passerà tre canne, nel terzo cinque, nel quarto sette e così conseguentemente secondo i succedenti numeri caffi [dispari ...] è l'istesso che il dire che gli spazi passati dal mobile dipartendosi dalla quiete hanno tra di loro proporzione duplicata di quella che hanno i tempi ne' quali tali spazi sono misurati, o vogliam dire che gli spazi passati son tra loro come i quadrati de' tempi.

Il discorso sul moto che «si fa secondo i numeri *impari*» può risultare oscuro. In effetti è del tutto equivalente a quello perfettamente comprensibile nelle ultime parole della citazione. Infatti se sommi tutti i numeri dispari fra di loro, ottieni a ogni passo i quadrati dei numeri interi:

$$1 + 3 = 4 = 2 \times 2$$
$$1 + 3 + 5 = 9 = 3 \times 3$$
$$1 + 3 + 5 + 7 = 16 = 4 \times 4$$
$$1 + 3 + 5 + 7 + 9 = 25 = 5 \times 5$$
$$1 + 3 + 5 + 7 + 9 + 11 = 36 = 6 \times 6 \qquad \text{ecc.}$$

Della cosa si può dare un'interpretazione grafica ovvia. Prendi un foglio di carta a quadretti e annerisci un quadratino. Ora hai quadrati neri: 1 (che è il quadrato di 1). Ora annerisci i 3 (secondo numero dispari) quadratini adiacenti a quello nero (uno a destra e due sotto). Ora hai quadrati neri: 4 (che è il quadrato di 2). Continuando così, vedi che ogni volta aggiungi il seguente numero dispari di quadratini e ottieni un quadrato nero che è il quadrato seguente.

E come arrivò Galileo a queste conclusioni? Lo ricostruiamo esaminando la Tabella 5.1.

Basta ragionare sulle 3 righe degli spazi (misurati in metri) e si vede che gli spazi percorsi alla fine di ogni secondo sono uguali a quello percorso nel primo secondo moltiplicato per il quadrato del numero di secondi trascorsi dall'inizio.

Esempio: con la trave sollevata a un estremo di 1 m, nel primo secondo la sfera si sposta di 0,098 m (cioè di 9,8 cm) e alla fine del sedicesimo secondo essa avrà viaggiato per 9,8 cm × 16^2 = 9,8 × 256 = 2508 cm = 25,08 m.

Altro esempio: con la trave sollevata a un estremo di 5 m, nel primo secondo la sfera si sposta di 0,49 m (cioè di 49 cm) e alla fine del decimo secondo avrà viaggiato per 49 cm × 10^2 = 49 × 100 = 4900 cm = 49 m. Puoi controllare tutte le 44 colonne della tabella e troverai conferma: gli spazi percorsi da un corpo che cade liberamente scorrendo su un piano inclinato sono proporzionali ai quadrati dei tempi trascorsi dall'inizio della caduta. È proprio quel che scrisse Galileo nell'ultima frase della citazione riportata poco sopra. E non basta.

Guarda ora la riga delle velocità medie Vm. Ti accorgerai che ogni valore si può ottenere da quello immediatamente precedente aggiungendogli il valore della velocità media alla fine del primo secondo. In altre parole per ogni secondo che passa, la velocità media Vm cresce della stessa quantità, cioè la velocità media dipende linearmente dal tempo. Nei 3 casi (altezze h di sollevamento di un estremo della trave di 1, 2,5 e 5 m) le formule che danno le velocità medie in funzione del numero t di secondi trascorsi (ATTENTO: è un numero, non un tempo!) sono:

per h = 1 m Vm = 0,098 m/s * t
per h = 2,5 m Vm = 0,245 m/s * t
per h = 5 m Vm = 0,49 m/s * t
(qui ho usato l'asterisco * per indicare la moltiplicazione).

Ora: attento! Se la velocità media Vm cresce in modo lineare in funzione del tempo (come indicano le 3 formule qui sopra), anche la velocità istantanea alla fine di ogni secondo deve crescere linearmente. Dunque la velocità media deve essere uguale alla metà della somma della velocità finale (detta anche «istantanea») e di quella iniziale, che è zero. Quindi la velocità media è la metà di quella istantanea.

Come abbiamo già visto, otteniamo le velocità istantanee (alla fine di ogni secondo) raddoppiando i valori di quelle medie. E così possiamo scrivere le formule che danno le velocità finali in funzione del tempo:

per h = 1 m Vfin = 0,196 m/s * t
per h = 2,5 m Vfin = 0,49 m/s * t
per h = 5 m Vfin = 0,98 m/s * t

Ragioniamo ora su quel diagramma delle forze nella Figura 5.1. Si vede che la forza del peso P della sfera rotolante sul piano inclinato si scompone in una forza P2 perpendicolare al piano (che viene bilanciata da una forza di reazione del piano uguale e contraria – infatti la sfera non si infila nel piano) e in una forza P1 parallela al piano, che è quella che causa il movimento della sfera. Ma il triangolo formato dalle 3 forze P, P1 e P2 è simile al triangolo ABC. Quindi possiamo calcolare P1 (che è quella che causa il moto) in funzione di P e la formula che la esprime (qui devi sapere un po' di trigonometria: se non la sai, studiala, se non la vuoi studiare prendi per fede quel che segue, ma non sta bene):

P1 = P * sen(ACB)

Ma, usando i dati della Tabella 5.1, dobbiamo dare 3 valori al seno di ACB, dato che si esprime come rapporto fra h (AB) (che, appunto, ha 3 valori) e L (AC) (che è sempre L = 50 m), cioè

$$\text{sen(ACB)} = h/L = AB/AC$$

Tabella 5.2

h (in metri)	*sen(ACB)*	*Velocità alla fine del primo secondo*
1	0,02	0,196
2,5	0,05	0,49
5	0,1	0,98

Nella terza colonna ho riportato la velocità raggiunta alla fine del primo secondo come appare nella Tabella 5.2. Si vede subito che queste 3 velocità stanno fra loro come i 3 valori del sen(ACB): la prima è un quinto e la seconda è la metà della terza. Con questo confermiamo la validità della legge del moto trovata da Galileo e possiamo calcolare quale sarebbe la velocità alla fine del primo secondo se la sfera cadesse liberamente nell'aria: il suo moto sarebbe verticale (come il piano inclinato) e il seno dell'angolo ACB sarebbe uguale a 1. Quindi alla fine del primo secondo la velocità di un corpo che cade è di 9,81 m/s.

Ma in tutti i secondi seguenti, la velocità cresce della stessa quantità. Questa variazione della velocità nel tempo si chiama accelerazione e si misura in m/s (di cambiamento della velocità) per ogni secondo che passa. Le dimensioni fisiche di una accelerazione secondo la notazione del capitolo precedente, sono $[LT^{-2}]$: lunghezza divisa tempo al quadrato. L'accelerazione di gravità, dunque, è di 9,81 m/s^2: per il suo effetto a ogni secondo che passa la velocità di un corpo che cade cresce di 9,81 m/s.

La formula che dà la velocità è:

$$v = g\,t = 9{,}81 \cdot t$$

La velocità media, come abbiamo visto, è la metà di quella istantanea al tempo t:

$$Vm = g\,t/2$$

e lo spazio percorso è uguale alla velocità media moltiplicata per il tempo:

$$s = g\,t^2/2$$

Se moltiplichiamo i due membri dell'equazione per g otteniamo:

$$s\,g = g^2\,t^2/2 = v^2/2 \qquad \text{da cui}$$
$$v = \sqrt{(2\,g\,s)}$$

Quest'ultima formula esprime la velocità raggiunta da un corpo in caduta libera dopo che ha percorso s metri. E dall'equazione $s = gt^2/2$ si deduce subito che il tempo necessario a cadere da un'altezza s è:

$$t = \sqrt{(2s/g)}$$

Abbiamo trovato, quindi, che le accelerazioni sono costanti per effetto della gravità e che sono proporzionali alle forze applicate. Sfere di peso diverso rotolano con le stesse accelerazioni e le stesse velocità già viste – e questo Galileo lo aveva capito molto bene. Però sfere (o in genere corpi) di peso diverso, quando cadono, sono soggette a forze diverse. Il coefficiente di proporzionalità tra forza applicata e accelerazione è la massa del corpo. La legge, che Galileo era stato sul punto di capire bene e che non aveva formulato esplicitamente è:

$$F = m\,a$$

dove F è la forza applicata a un corpo, m è la sua massa e a è l'accelerazione. È la legge fondamentale della dinamica e la scoprì Isaac Newton. In quel che segue dedurremo da essa parecchie cose. Intanto in parole semplici: se a un certo corpo viene applicata una forza F, si muoverà con una certa accelerazione. Se allo stesso corpo si applica una forza 2F, si muoverà con un'accelerazione doppia di quella precedente.

Le dimensioni di una forza sono quelle di una massa moltiplicata per un'accelerazione. Guarda di nuovo quello che ho scritto sopra sulle dimensioni di un'accelerazione e vedi subito che le dimensioni di una forza si scrivono:

$$[F] = [MLT^{-2}]$$

e, come detto, le unità di misura usate sono kg · metri al secondo per secondo (cioè kilogrammi per metri al secondo quadro: kg m · s^{-2} – e qui i kilogrammi sono masse [kilogrammi-massa]).

Aristotele sbagliava: le forze sono proporzionali alle accelerazioni

Galileo dimostrò che Aristotele aveva torto: le velocità di caduta non dipendono dal peso dei corpi e le forze, quindi, non sono proporzionali alle velocità. Fu già un grosso passo avanti, dato che a quel tempo molti credevano ancora che Aristotele avesse detto tutto giusto.

Galileo avrebbe dovuto considerare che la forza dovuta al peso non varia quasi per niente per piccole variazioni dell'altezza dal suolo. Dunque la forza di gravità è costante e dato che l'accelerazione di gravità è pure costante, abbiamo già una forte presunzione che le forze siano proporzionali alle accelerazioni.

Interessanti conseguenze si possono dedurre dall'equazione F = m a, introdotta sopra e nota come secondo principio della dinamica (fra queste c'è anche la legge della gravitazione universale).

(Il terzo principio della dinamica dice che a ogni forza corrisponde una reazione uguale e contraria. Se stai seduto, la forza del tuo peso è trasmessa dal sedere alla sedia, e la sedia esercita una forza uguale e contraria per cui stai fermo. Se ti levo la sedia da sotto, la forza del tuo peso è esattamente uguale al prodotto della tua massa per l'accelerazione, fino a quando sbatti il sedere sul pavimento. Poi la reazione è fornita dal pavimento.)

Galileo aveva anche capito perfettamente che un peso portato in alto accumula per questo una certa quantità di energia e spiegò che questa energia (che chiamiamo «energia potenziale») si trasforma in velocità quando il corpo cade. Quando il corpo sbatte per terra, questa energia va a deformarlo o si trasforma in calore (e questo Galileo non lo aveva capito). Aveva capito che in un pendolo l'energia (potenziale) del peso al punto più alto si trasforma tutta in velocità e poi quando il pendolo risale si trasforma di nuovo in energia potenziale.

L'energia immagazzinata dal corpo portato in alto è maggiore se è maggiore il suo peso (e quindi la sua massa) ed è maggiore, se è maggiore l'altezza. Dunque l'energia immagazzinata è uguale al prodotto dell'altezza per il peso (che a sua volta è uguale al prodotto della massa per l'accelerazione di gravità). Queste definizioni confermano l'esperienza ovvia che fai una fatica (cioè un lavoro, un dispendio di energia) doppia a sollevare un peso di 20 kg all'altezza di 10 metri, rispetto alla fatica che fai a sollevarlo di 5 metri.

Le dimensioni di un'energia sono quelle di una forza per una lunghezza e si scrivono:

$$[E] = [F \cdot L] = [ML^2T^{-2}]$$

e si misurano in kg per metri al quadrato diviso secondi al quadrato.

Le dimensioni di una sollecitazione (di tensione o di pressione), di cui abbiamo già parlato nel Capitolo 4, si deducono da quelle delle forze, che basta dividere per una superficie (cioè per una lunghezza al quadrato).

$$[p] = [MLT^{-2}\,L^{-2}] = [ML^{-1}\,T^{-2}]$$

Guarda nuovamente un momento la Tabella 5.1. Vedrai che nei tre casi di diverse inclinazioni del piano, quando il dislivello rispetto alla posizione iniziale è di 0,44 m, i tempi trascorsi sono nei 3 casi: 15", 6" e 3", ma la velocità raggiunta è identica: 2,94 m/s. Quando il dislivello è di 1,76 m nel secondo e nel terzo caso, la velocità finale è 5,88 m/s. Quando il dislivello è di 2,4 m nel secondo e nel terzo caso, la velocità finale è 6,862 m/s. Se la sfera cade liberamente, raggiunti gli stessi dislivelli, la velocità verticale di caduta assume esattamente gli stessi valori. L'equazione che esprime questa trasformazione equivalente della energia potenziale dovuta all'altezza in energia del moto (detta energia cinetica o «forza viva») è:

$$m\,g\,h = {}^1\!/_2\,m\,v^2$$

dove m è la massa del corpo (in kg), g è l'accelerazione di gravità (9,81 m/s^2, come abbiamo già visto sopra) e h è l'altezza (o quota) in metri rispetto a un livello di riferimento fissato; v è la velocità in m/s.

Supponiamo che la sfera usata negli esperimenti abbia la massa di 1 kg. L'ultimo caso considerato di una velocità di 6,862 m/s acquisita dopo che la sfera è scesa di un dislivello di 2,4 m, conferma la validità dell'equazione, che con i numeri ora detti si scrive al primo membro:

$$2\ \text{kg} \times 9{,}81\ \text{m/s}^2 \times 2{,}4\ \text{m} = 47{,}08\ \text{kg m}^2/\text{s}^2$$

e al secondo membro:

$$^1\!/_2 \times 2 \times 6{,}862^2\ \text{m}^2/\text{s}^2 = 47{,}08\ \text{kg m}^2/\text{s}^2$$

Qui introduco un'altra unità di misura che equivale a kg m/s^2: si chiama newton (abbreviato N). È la forza che imprime alla massa di 1 kg l'accelerazione di 1 m/s^2. Quindi la gravità esercita su una massa di 1 kg una forza di 9,81 newton. Poi introduciamo l'unità di misura dell'energia: è una forza moltiplicata per una lunghezza: kg · m^2/s^2 = newton · metro (Nm) e si chiama joule (abbreviato J). Sul nome dell'unità di misura delle forze c'è una storia divertente. In un congresso di fisici italiani negli anni Trenta si propose di chiamare l'unità di forza (quella che imprime alla massa di 1 kg l'accelerazione di 1 m/s^2) con il nome di *vis*, che in latino significa forza. La proposta sembrava destinata a essere accettata da tutti, ma l'anno dopo si tenne un altro congresso in Francia e si decise rapidamente di adottare, invece, il nome di newton. Perché? Ma perché *vis* (pronunciato «vì») è la parola francese volgare che indica l'organo sessuale maschile. Cosa sarebbe successo in un liceo francese se il professore di fisica avesse dato un esercizio dicendo: «*On suppose qu'une force de 1000 vis est appliquée...*».

Altra parola volgare francese per indicare l'organo sessuale maschile è *bite*. Nei corsi di informatica, anche i francesi usano *bit* per indicare una cifra binaria, e nelle scuole gli studenti fanno scherzetti volgari e ovvi. Talora i professori francesi tendono a dire *chiffre binaire* o *unité élementaire d'information* invece di *bit*. Invece non usano affatto *byte* e per indicare un carattere composto da otto cifre binarie, usano *octet*.

A che altezza arriva un corpo sparato verticalmente?

Sparo un corpo pesante verso l'alto in direzione verticale con una velocità iniziale di 100 m/s. Appena è partito la sua velocità diminuisce ogni secondo di 9,81 m/s. Quindi va a zero dopo

$$(100\ m/s)/9{,}81\ m/s^2 = 10{,}19\ s$$

La velocità media durante questo tempo è la metà di quella iniziale (perché diminuisce in modo lineare della stessa quantità per ogni secondo), perciò l'altezza raggiunta è:

$$H = 10{,}19\ s \cdot 50\ m/s = 509{,}5\ m$$

La cosa si spiega anche a un bambino redigendo una tabella e dicendo che per ogni secondo la velocità cala di 10 m/s (tanto per semplificare, commettendo un errore del 2%).

t (sec)	*0*	*1*	*2*	*3*	*4*	*5*	*6*	*7*	*8*	*9*	*10*
V (m/s)	100	90	80	70	60	50	40	30	20	10	0
V media		95	90	85	80	75	70	65	60	55	50
Altezza (m)	0	95	180	255	320	375	420	455	480	495	500
Spazio percorso in 1 secondo		95	85	75	65	55	45	35	25	15	5

Esperimento con un pendolo

L'equivalenza tra energia potenziale ed energia cinetica può essere constatata con un esperimento semplice che puoi eseguire abbastanza facilmente. Si tratta di costruire un pendolo e di misurare l'energia potenziale quando si trova al punto più alto, e la velocità (e quindi l'energia cinetica) quando si trova al punto più basso, per mostrare che sono uguali.

L'esperimento si realizza come si vede nella Figura 5.2

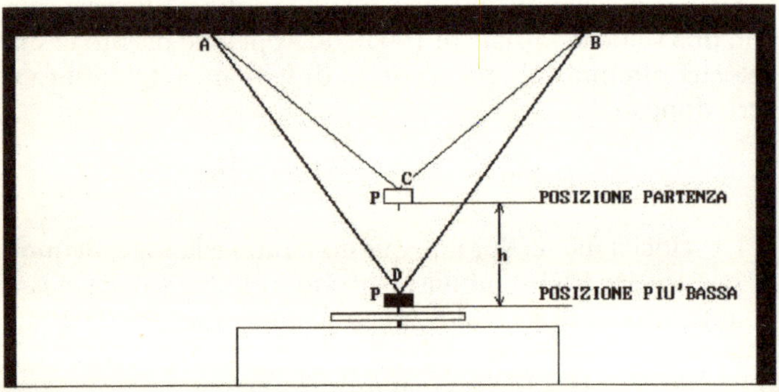

Figura 5.2 Pendolo che traccia la sua traiettoria su un giradischi.

che rappresenta un pendolo che oscilla in un piano perpendicolare a quello del foglio. Il telaio nero si può fare di legno. Deve essere alto circa 1 m ed essere abbastanza rigido. L'elemento orizzontale superiore è lungo un po' più di 1 m. Nei punti A e B si attaccano le estremità di uno spago nel cui punto di mezzo si attacca il peso P che occupa la posizione D quando sta a riposo. Realizzando il pendolo in questo modo, ci assicuriamo che dondoli in un piano verticale. Se, invece, usassimo un filo singolo, il pendolo potrebbe svirgolare seguendo traiettorie curiose, per esempio spirali.

Sotto il peso P si attacca una punta scrivente: può essere un pennino antico, ma è più facile realizzarla con un singolo filo di rame preso da una normale treccia elettrica. Il filo si piega nella parte inferiore ad angolo acuto e, durante l'esperimento, si riempie con una goccia di inchiostro in modo che possa tracciare una riga sottile quando si muove.

A riposo la punta del filo di rame deve toccare appena un cartoncino attaccato sopra un vecchio giradischi che vada a 78 oppure a 33 giri/min, e si deve trovare esattamente nel centro, cioè sopra il perno del piatto. Ora bagniamo di inchiostro il pennino di filo di rame e, con il giradischi fermo, solleviamo il peso P dalla posizione D alla posizione C che si trova a una quota più alta di quella minima della quantità h. Poi abbandoniamo a sé stesso il peso P e questo dondolerà tracciando una linea retta sul foglio disposto sopra il giradischi. Quindi togliamo il foglio. Mettiamone uno pulito, mettiamo in moto il giradischi, solleviamo di nuovo il peso all'altezza h e rilasciamolo. Questa volta traccerà sul foglio una curva, perché la carta è in rotazione. Consideriamo il tratto di curva dall'inizio Y (appena il pennino tocca il foglio) fino al centro di rotazione C. Dal centro tracciamo la retta che congiunge Y al centro C, e misuriamo la lunghezza L_{YC} del segmento YC, e la tangente alla curva in C. L'angolo α fra queste due rette misura (rozzamente) il tempo che il peso ha impiegato dal momento in cui ha toccato il foglio a quello in cui è arrivato al centro. Se il giradischi va a 78 giri al minuto, impiega 0,769 s a fare un giro (cioè a rotare dell'angolo 2π). La rotazione dell'angolo α prende, dunque, un tempo $T_\alpha = 0{,}769\ s \cdot \alpha/2\pi$.

La velocità del peso P nel punto più basso sarà un poco maggiore del valore $V = L_{YC}/\ T_\alpha$. Infatti la velocità in Y è un po' minore che in C. Poi calcoliamo i valori dei due membri dell'equazione $mgh = \frac{1}{2}\ mv^2$ e li confrontiamo.

Ho eseguito l'esperimento sollevando un peso di 100 g a 14 cm e a 7 cm e ho ottenuto i risultati seguenti:

Tabella 5.3

h (m)	*mgh (J)*	α	$\alpha/360$	T_α	L_{YC} *(m)*	*V (m/s)*	$\frac{1}{2} m V^2$	*Differenza %*
0,14	0,1373	17°	0,0472	0,0363	0,057	1,57	0,123	10
0,07	0,068	35°	0,097	0,0747	0,08	1,07	0,057	16

Le differenze percentuali sono piuttosto alte e il valore di $\frac{1}{2}\ mV^2$ risulta minore di quello di mgh. Questo dipende in parte dal fatto che le velocità sono sottostimate, perché si prendono valori medi invece del valore istantaneo al punto più basso, e in parte perché ho realizzato tutto l'esperimento in modo piuttosto rozzo. Quanto meno l'ordine di grandezza è confermato. Vedi se riesci a fare di meglio.

Galileo non conosceva le equazioni differenziali, né la notazione trigonometrica moderna. Altrimenti avrebbe dedotto la soluzione del problema indicato all'inizio di questo capitolo. Detta l la lunghezza del pendolo e a lo spostamento iniziale dalla verticale, all'istante t la distanza x dalla posizione di riposo è:

$$x = a \cos (\omega t)$$

dove $\omega = \sqrt{(g/l)}$ non dipende dalla massa sospesa al filo di lunghezza l e g è l'accelerazione di gravità.

Dai ragionamenti precedenti risulta che l'energia si conserva: in un sistema chiuso (cioè che non ha rapporti con l'esterno, ovvero non è soggetto a forze esterne) l'energia è costante. Si può trasformare da cinetica a potenziale, da meccanica in termica e in altri modi che vedremo nel prossimo capitolo, ma la somma di tutte queste forme di energia è costante.

C'è un'altra grandezza fisica che si conserva nei sistemi chiusi: è la quantità di moto, definita come il prodotto della massa di un corpo per la sua velocità. Si denota con

$$p = m\,v \qquad \text{e ha le dimensioni } [p] = [M\,L\,T^{-1}]$$

e si misura in kg · m/s.

(È molto ovvio che se a un corpo viene applicata una forza esterna, per la seconda legge della dinamica si produce un'accelerazione, quindi cambia la sua velocità – e la quantità di moto NON si conserva.)

Considerare la quantità di moto (oltre all'energia) consente di fare ragionamenti interessanti e di calcolare quello che succede quando corpi diversi entrano in collisione. Questi ragionamenti, poi, si applicano anche alle collisioni fra particelle elementari (neutroni, elettroni, muoni ecc.). Non ne parlerò in questo libro, ma è utile chiarire subito questi concetti.

La conservazione della quantità di moto si sperimenta facilmente su un biliardo. Se una palla che corre alla velocità v colpisce un'altra palla ferma in modo assiale (cioè muovendosi sulla retta che unisce i loro centri), accade che la palla in moto si ferma e quella inizialmente ferma parte alla velocità e nella direzione che aveva prima l'altra. Se, invece, un corpo plastico (come una palla di pongo) di massa m, procedendo alla velocità v colpisce un'altra palla uguale di massa m, ci si appiccica e la mette in moto, che accade? La quantità di moto iniziale era $p_1 = m\,v_1$, ma dopo l'urto, la massa è raddoppiata, dunque la velocità deve essere dimezzata, cioè:

$$p_2 = 2\ m\ v_2 = p_1 = m\ v_1 \qquad \text{da cui } v_2 = v_1/2$$

Attento: che cosa succede con l'energia? L'energia cinetica iniziale era

$$E_{c1} = m\ v_1^2/2$$

Dopo l'urto, l'energia della massa doppia alla velocità $v_2 = v_1/2$ è

$$E_{c2} = 2\ m\ v_2^2/2 = m\ v_1^2/4$$

Quindi l'energia cinetica è dimezzata. La metà dell'energia iniziale si trasforma in calore quando le due palle plastiche si deformano. Lo si deduce dal fatto che la quantità di moto non cambia, altrimenti non sapremmo calcolarlo. Se, invece, le due palle sono perfettamente elastiche (per esempio, d'acciaio) la deformazione è temporanea e breve e si conserva non solo la quantità di moto, ma anche la massima parte dell'energia cinetica.

Corpi che girano (motori, ruote, volani): energia immagazzinata e momento d'inerzia (con una storiella da tecnici)

L'equazione di Newton F = m a spiega molte altre cose. Vediamo come si usa per analizzare la dinamica dei corpi rotanti intorno a un asse. Nelle pagine seguenti vedremo come Newton dedusse da queste analisi la legge di gravitazione universale. Consideriamo un corpo di massa m che ruota attorno a un asse da cui si trova alla distanza d. Supponiamo che le dimensioni del corpo siano piccole rispetto alla distanza d, così che tutte le sue parti possano essere considerate alla stessa distanza dall'asse.

Per fissare le idee, diciamo che il corpo sia un sasso (di massa m) attaccato a un filo lungo R. Hai dato un impulso al filo e il corpo gira. Trascuriamo la resistenza dell'aria e l'attrito del filo sulla tua mano: per un certo tempo quel sasso gira, dunque, a velocità costante V e fa n giri/secondo. Ogni giro corrisponde a un angolo 2π, per cui la velocità V si può esprimere come

$$V = 2\pi\ R\ n = 2\pi\ R/T = \omega\ R$$

dove $T = 1/n$ è il tempo impiegato a compiere un giro e $\omega = 2\pi/T$ si chiama «velocità angolare» (cioè l'ampiezza dell'angolo espressa in radianti, di cui gira il sasso a ogni secondo). Ho detto che, per un certo tempo, la velocità V è costante. Questo è vero se la misuriamo in m/s (cioè: è costante in modulo) ma, dato che il sasso gira, la velocità cambia direzione di continuo mantenendosi tangente al cerchio di raggio R. Ma cambiare velocità vuol dire accelerare e, se non cambia il valore della velocità, vuol dire che l'accelerazione è perpendicolare alla velocità. Dato che la velocità ha la direzione della tangente al cerchio, l'accelerazione deve avere la direzione del raggio che unisce il sasso al centro del cerchio che percorre.

La situazione è illustrata nella Figura 5.3. Nel punto A la velocità del sasso è V(t) (notazione che vuol dire semplicemente la velocità al tempo t) ed è rappresentata dal seg-

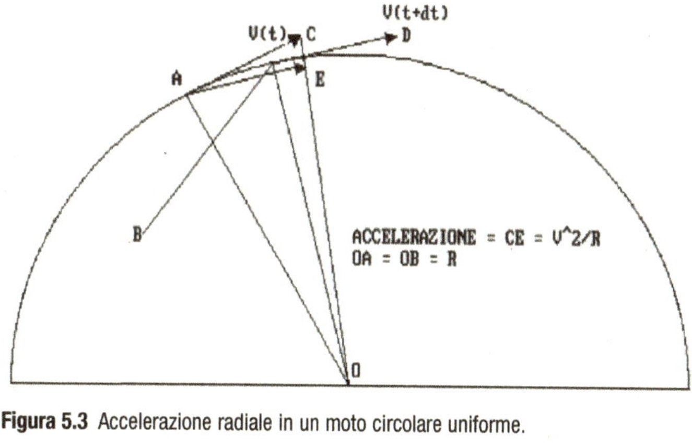

Figura 5.3 Accelerazione radiale in un moto circolare uniforme.

mento AC. Dopo un breve tempo dt (che in figura è dilatato perché la differenza tra le velocità sia apprezzabile), il sasso si trova nel punto B e la sua velocità è V(t + dt), rappresentata dal segmento BD. Riportiamo ora il vettore V(t + dt) dal punto B al punto A parallelamente a sé stesso: ora la velocità al tempo t + dt è rappresentata dal segmento AE. La differenza fra la velocità V(t) e la velocità V(t + dt) è rappresentata dal segmento CE che congiunge l'estremità del primo vettore (la punta della freccia in figura) all'estremità del secondo.

Il valore dell'accelerazione (come spiego alla fine di questo paragrafo per chi voglia capire meglio) è

$$a = V^2/R$$

dove R è il raggio del cerchio. E, se ricordiamo la formula scritta prima: V = ω R, possiamo esprimere l'accelerazione come

$$a = \omega^2 R = (2 \pi n)^2 \cdot R$$

Ora mostro come si usa questa formula per calcolare la forza di trazione a cui è sottoposto il filo che collega alla tua mano il sasso che gira. Non c'è bisogno di fare nessun discorso per confermare che il filo è tirato: infatti è dritto: sembra un bastone rigido. Se tagliassimo il filo, il sasso volerebbe via per la tangente. Perché? Ma perché gli viene a mancare la forza del filo che lo collega a distanza costante dal centro O del cerchio (la tua mano) e non soggetto più a forze esterne non cambia più (la direzione del) la sua velocità e prende a volare in linea retta. È proprio quello che accadeva quando un fromboliere faceva girare un sasso in un pezzo di cuoio legato con 2 fili e, poi, lasciava uno dei 2 fili e faceva partire il sasso contro il nemico. Fece così David quando uccise Golia.

Qui, allora, la forza di tensione del filo che collega il sasso alla mano, è quella che produce l'accelerazione radiale e che è uguale a questa accelerazione moltiplicata per la massa del sasso.

Se il sasso ha la massa di 1 kg e se lo facciamo girare a 3 giri/s, attaccato a un filo lungo 60 cm, la forza è:

$$F = ma = m\,\omega^2 R = 213 \text{ kg m/s}^2 = 213 \text{ N}$$
$$\text{dove } \omega^2 = (2\,\pi\,n)^2 = (18{,}84)^2 = 355 \text{ (rad/s)}^2$$

cioè una forza uguale al peso di una massa di circa 21,7 kg.

E quanta energia immagazzina il sasso? Questa è la sua forza viva, cioè metà della massa moltiplicata per il quadrato della velocità. La circonferenza che ha il raggio di 0,6 m è lunga 3,77 m e viene percorsa 3 volte al secondo, per cui la velocità è $V = 3{,}77 \cdot 3$ m/s = 11,3 m/s e l'energia è

$$E = {}^1/_2\, m\, v^2 = {}^1/_2 \cdot 1 \cdot 11{,}3^{\,2} = 64 \text{ joule}$$

È la stessa energia che il sasso immagazzinerebbe (raggiungendo la velocità di 11,3 m/s) dopo essere caduto dall'altezza di 6,5 m.

Controlla che se facessi girare il sasso a 6 giri/s, la velocità sarebbe doppia (22,6 m/s) e l'energia 4 volte maggiore (256 J), equivalente a una caduta da 26 m di altezza, e la trazione sul filo sarebbe di 852 N, cioè una forza uguale al peso di una massa di 86,8 kg.

* * *

Adesso ti mostro come l'ultima formula scritta si può trasformare in un modo che sembra ovvio ma che, invece, ci permette di introdurre un concetto nuovo che risulta utile per fare calcoli che vedremo nei capitoli seguenti. La trasformazione è questa:

$$E = {}^1/_2\, m\, v^2 = {}^1/_2\, m\, \omega^2 R^2 = {}^1/_2\, (mR^2)\, \omega^2 = {}^1/_2\, I\, \omega^2$$

Questi passaggi sono ovvi in base alle formule che abbiamo già visto prima ($V = 2\pi\, R\, n = 2\pi\, R/T = \omega\, R$), tranne l'ultimo basato sulla definizione:

$$I = mR^2$$

La grandezza I si chiama «momento d'inerzia». È semplicemente il prodotto della massa di un corpo per il quadrato della distanza da un asse attorno al quale il corpo eventualmente gira. Questa definizione vale per un corpo che abbia dimensioni piccole rispetto alla distanza R. Per i corpi più grossi e per distanze R piccole e variabili da punto a punto, il momento di inerzia è la somma di tutti i momenti di inerzia delle singole particelle che compongono il corpo. È abbastanza facile calcolarlo per un cilindro rispetto al suo asse (vale $\frac{1}{2} \pi \delta H R^4$ per un cilindro omogeneo di altezza H, raggio R e densità δ. Riesci a vedere perché? Si tratta di fare un semplice integrale di R^3). È più difficile calcolarlo per corpi di forma strana, come l'albero a gomiti di un motore d'auto.

L'importante è il concetto, che serve a calcolare l'energia immagazzinata in un corpo in rotazione (vedi la lunga formula riportata poco sopra) e ad applicare a esso il secondo principio della dinamica. Ecco come.

Ricorda, in un moto circolare, anche non uniforme, cioè a velocità variabile, vale sempre la relazione $v = \omega R$. Poi ricorda, l'accelerazione è la variazione nel tempo (cioè la derivata rispetto al tempo) della velocità. Allora, dato che R è costante in un moto circolare, puoi scrivere:

$$F = m\,a = m\,dv/dt = m\,d(\omega R)/dt = m\,R\,d\omega/dt$$

Moltiplica per R sia il primo, sia l'ultimo membro e ottieni:

$$F \cdot R = m\,R^2\,d\omega/dt = I\,d\omega/dt = Me$$

Questo significa che se applichi, alla distanza R dal centro, una forza al corpo che gira attorno al centro O descrivendo una circonferenza di raggio R, il prodotto della forza per la distanza R (F R) è uguale al prodotto della derivata della velocità angolare per il momento di inerzia. Non è solo un'analogia. Conoscendo massa m e forza F, si calcola subito l'accelerazione. Conoscendo momento d'inerzia e coppia esterna (che si chiama «momento esterno totale» Me, perché anche i fisici hanno fatto un po' di pasticci con i nomi), calcoliamo subito l'accelerazione angolare. Forse non hai capito bene tutto. Non fa niente: si capirà tutto meglio nel Capitolo 7, quando guarderemo in dettaglio l'esempio tratto dal funzionamento di un'auto.

Da quello che ho appena detto capisci perché è importante il concetto di momento di inerzia. Se provi a far girare una ruota, sai bene che una ruota di bicicletta si mette in rotazione spingendola con un dito; una ruota di automobile richiede uno sforzo applicato con tutta la mano. Se provi a far girare un grosso volano costituito da una grossa ruota di ferro del diametro di qualche metro, ti ci devi attaccare con tutte e due le braccia, e fatichi.

Il fatto che la massa sia il fattore di proporzionalità tra forza e accelerazione significa che quanto maggiore è la massa di un corpo, tanto maggiore deve essere la forza applicata per accelerarla, cioè per fargli acquistare velocità. Per i corpi rotanti, l'analogia è immediata. Il momento di inerzia è il fattore di proporzionalità fra momento applicato e accelerazione angolare. Questo significa che quanto maggiore è il momento di inerzia di un corpo, tanto maggiore deve essere il momento esterno applicato per accelerarlo angolarmente, cioè per fargli acquistare velocità angolare. Se hai due corpi della stessa massa, fai più fatica a far girare intorno a un asse quello che ha la massa più distante dall'asse (cioè che ha un momento di inerzia più grande).

Lo sanno bene gli acrobati che fanno i salti mortali. Una volta che stanno rotando per aria per l'impulso che si sono dati, per girare più in fretta (per aumentare la loro velocità angolare) raccolgono braccia e gambe a formare una palla, così diminuiscono il loro momento di inerzia. Ma se volano per aria, non sono soggetti a momenti esterni e il prodotto tra momento di inerzia e accelerazione angolare deve essere zero. Se il momento di inerzia diminuisce, la velocità angolare deve crescere: il loro prodotto deve essere costante. Da quanto detto nelle pagine precedenti sulla quantità di moto, vedi che il prodotto del momento d'inerzia per velocità angolare è identico al momento della quantità di moto rispetto allo stesso asse. In assenza di momenti esterni, il momento della quantità di moto non varia. La sua conservazione è uno dei princìpi fondamentali della fisica.

Ora che sai che cos'è il momento di inerzia, puoi sorridere dell'ignoranza di un giornalista che descriveva il varo di una nave. Scriveva:

«...la madrina lascia andare la bottiglia di spumante. I puntelli vengono tolti. La grande nave sembra avere un attimo di esitazione (il «momento di inerzia» dei tecnici) e poi si slancia in mare in una gloria spumeggiante...».

E ora viene una breve sezione un po' più difficile che nei libri di scuola veniva indicata con «da saltare a una prima lettura». Però ora non sei più a scuola. Se lo salti, ti metti da solo in seconda classe. Meglio viaggiare in prima. E se ci sono cose che non capisci, informati, chiedi, fa' indagini su Internet (puoi cominciare da: http://www.fortunecity.com/greenfield/eagles/180/, ma cerca: ci sono molti siti buoni. Fatti consigliare – ogni tanto spariscono), datti da fare fin quando capisci tutto.

Come si dimostra che in un moto circolare $a = V^2/R = \omega^2 R$

Qui ci vuole un po' di geometria analitica e conoscenza delle derivate. La trovi nel mio libro *Anche tu matematico* o altrove. Informati.

Le coordinate x e y di un punto che si muove su un cerchio di raggio R a velocità costante sono:

$$x = R \operatorname{sen}\alpha \qquad y = R \cos\alpha$$

dove α è l'angolo che il raggio forma con la sua posizione iniziale (per la quale $\alpha = 0$). Per calcolare la velocità dobbiamo derivare separatamente rispetto al tempo queste due coordinate. E otteniamo:

$$v_x = dx/dt = R \cos\alpha \, (d\alpha/dt)$$
$$v_y = dy/dt = -R \operatorname{sen}\alpha \, (d\alpha/dt)$$

che sono le componenti della velocità secondo l'asse x e l'asse y. (E ricorda che (dα/dt) è la derivata dell'angolo rispetto al tempo. Dato che la velocità del punto è costante, è dα/dt = ω = costante.)Per ottenere le componenti dell'accelerazione, deriviamo rispetto al tempo le due formule ora scritte e otteniamo:

$$a_x = d^2x/dt^2 = -R\ \text{sen}\alpha\ (d\alpha/dt)^2$$
$$v_y = d^2y/dt^2 = -R\ \cos\alpha\ (d\alpha/dt)^2$$

Queste due componenti secondo l'asse x e l'asse y dell'accelerazione hanno il modulo $R = R\ (d\alpha/dt)^2 = R\ \omega^2$, che è proprio l'accelerazione assiale (perpendicolare alla velocità) e che la fa ruotare di continuo: ne abbiamo già parlato.

La legge di gravitazione universale di Newton: altro che la mela!

Fu proprio Newton a fare per primo tutti questi calcoli. Non li aveva studiati su altri libri: li inventò lui (o li scoprì). E poi continuò.

L'accelerazione di gravità sulla Terra (cioè a 6371 km dal centro della Terra) ha il valore di 9,81 m/s². Questo significa che se lasciamo cadere un sasso o un altro oggetto pesante da una certa altezza verso terra, come abbiamo già visto, a ogni secondo che passa la sua velocità (verso il basso) cresce di 9,81 m/s.

Dopo secondi	*1*	*2*	*3*	*4*	*5*	*6*	*7*	*8*	*9*	*10*
la velocità è (in m/s)	9,81	19,62	29,43	39,24	49,05	58,86	68,67	78,48	89,29	98,1

Cioè dopo un secondo il corpo cade alla velocità di 35,3 km/h e dopo 10 secondi cade a 353 km/h. Ovviamente questo non è vero se il corpo è molto leggero perché l'aria lo frena subito. Sappiamo bene che una piuma o un foglio di carta cadono lentamente e, se c'è vento, svolazzano e possono anche risalire. Una bomba d'aereo, che è aerodinamica, va sempre più veloce e raggiunge velocità di parecchie centinaia di km/h, tanto che produce un fischio (chi lo ha sentito, non lo dimentica).

Ora chiediamoci:

«Quale sarà il valore dell'accelerazione di gravità (terrestre) a cui è soggetta la Luna?».

Il raggio terrestre R_t è uguale a 6371 km. La Luna dista dal centro della Terra 384.400 km (R_L) e ci mette 27,3 giorni (cioè 655,2 ore = 2.358.720 s) a fare un giro attorno alla Terra. Dunque:

$$\omega = 2\,\pi/2.358.720\ \mathrm{s} = 2{,}6637\ 10^{-6}\ \mathrm{s}^{-1}$$

e allora

$$\omega^2\,R = (2{,}6637\ 10^{-6}\ \mathrm{s}^{-1})^2 \cdot (384{,}4\ .10^{6}) = 0{,}0027\ \mathrm{m\ s}^{-2}$$

Newton si dovette fare una tabella come quella seguente, dalla quale dedusse che le accelerazioni di gravità e, dunque, le forze di attrazione devono essere inversamente proporzionali alle distanze fra le masse che si attraggono. Infatti si vede dalla tabella che il rapporto fra il quadrato della distanza della Luna dal centro della Terra e il quadrato del raggio terrestre è 3640, praticamente identico all'inverso del rapporto fra le accelerazioni di gravità.

Tabella 5.4

Luogo	*Distanza dal centro della Terra*	*Quadrato della distanza in m^2*	*Accelerazione di gravità*
Superf. terrestre	6371 km	$40{,}589\ 10^{12}$	$9{,}81\ \mathrm{m\ s}^{-2}$
Luna	384.400 km	$147.763\ 10^{12}$	$0{,}0027\ \mathrm{m\ s}^{-2}$
Rapporto fra valore 3ª e 2ª riga	60,33	3.640,46	0,0002752 il cui inverso è: 3.633,33

Newton intuì la legge della gravitazione universale secondo la quale la forza F di attrazione fra due corpi pesanti aventi masse M e M' e che si trovino alla distanza R, è

$$F = G\,M\,M'/R^2$$

ma non riuscì a determinare con precisione il valore della costante G (detta costante di gravitazione universale), dato che non conosceva la massa della Terra. Le dimensioni fisiche di G sono quelle di una forza [kg m/s^2] moltiplicate per il quadrato di una lunghezza [m^2] e divise per il quadrato di una massa [kg^2], cioè [$m^3\,kg^{-1}\,s^{-2}$].

Il valore della costante G fu determinato da Henry Cavendish meno di un secolo dopo Newton. Questo fisico inglese misurò la torsione di un filo a cui erano appese in posizione simmetrica due piccole sfere che venivano attratte da due grosse sfere di ferro. La misura di G è stata ricalcolata con apparecchi di misura moderni raggiungendo precisioni più spinte. Però la forza di gravità è molto debole, per cui G è nota con una accuratezza piuttosto scarsa: 6,67428 ± ± 0,00067 10^{-11} $m^3/kg \cdot s^2$, il che significa che potrebbe avere valore qualunque compreso fra 6,67361 10^{-11} $m^3/kg \cdot s^2$ e 6,67495 10^{-11} $m^3/kg \cdot s^2$: non siamo sicuri nemmeno della terza cifra decimale. Chi vuole saperne di più può collegarsi su Internet a http://www.codata.org

Ora sei in grado anche di calcolare per i satelliti artificiali che viaggino a differenti distanze R dal centro della Terra, l'accelerazione di gravità cui sono soggetti, la velocità a cui vanno, il tempo che ci mettono a fare un giro. A questo scopo usi le formule:

$$g = (R_t/R)^2 \cdot 9{,}81\ m/s^2 = V^2/R$$

e ottieni l'accelerazione di gravità in m/s^2.

Poi calcoli

$$V = \sqrt{(gR)} \quad \text{[con R espresso in metri]}$$

e ottieni la velocità in m/s. Dividi per 1000 e moltiplichi per 3600 e ottieni la velocità in km/h. Moltiplichi per 2 π il valore R della distanza dal centro della Terra e dividi per la velocità e ottieni il tempo di un giro. Comincia a controllare la tabella seguente e poi continua a calcolare valori per altre distanze.

Tabella 5.5

R (km)	*g (m/s²)*	*V (m/s)*	*V (km/h)*	*T (h)*	*T (unità indicate)*
6371	9,81	7905	28.460	1,4	5060 s
10.000	3,98	6309	22.714	2,76	9958 s
36.000	0,307	3325	11.973	18,88	67.967 s
42.222	0,223	3070	11.053	24	86.400 s
100.000	0,0398	1994	7178	87,48	3,64 giorni
384.400	0,0027	1018	3663	659	27,4 giorni

La prima riga della tabella riporta dati, in parte già visti, sulla superficie terrestre dove la velocità minima con cui si va in orbita (detta velocità di fuga) è 8 km/s. La quarta riga si riferisce ai satelliti geosincroni che fanno un giro della Terra in 24 ore e, quindi, stanno sempre allo stesso posto sopra la Terra. Per questo sono utili per le telecomunicazioni. (Si trovano alla quota di 42.222 – 6.371 = 35.851 km.)

L'ultima riga è relativa alla Luna che gira alla velocità di 3663 km/h. In effetti non gira attorno al centro della Terra, ma a un altro punto interno alla Terra che è il vero centro attorno a cui gira il sistema costituito dalla Terra e dalla Luna. Ma qui andiamo un po' sul complicato.

Vedi che questi calcoli sono semplici (tranne alcuni nelle pagine precedenti), eppure sono proprio quelli di base che servono per fare calcoli di astronautica. Ora guarda la tabella e cerca di ragionare: che cosa succede se un satellite accende razzi per aumentare la sua velocità? Andrà a girare a quota più alta o più bassa?

Abbiamo visto come si applichi l'equazione F = m a per calcolare l'accelerazione e quindi la velocità del corpo di massa m (inizialmente fermo) a cui viene applicata la forza F. Abbiamo visto, quindi, come si applichi l'equazione Me = I dω/dt per calcolare l'accelerazione angolare e quindi la velocità angolare del corpo di momento di inerzia I (che inizialmente non gira). Per sapere dove si troverà (o come girerà) questo corpo, però, dobbiamo partire dalle coordinate della sua posizione iniziale e calcoliamo velocità e, quindi, spostamenti (o rotazioni) che ci permettono di determinare le sue seguenti posizioni.

Il caso più generale è quello di corpi che sono già in movimento. Allora le equazioni ora citate si applicano dopo aver registrato la posizione iniziale e la velocità iniziale del corpo. Queste condizioni sono 6: le 3 coordinate nello spazio (x, y e z) e le 3 componenti della velocità secondo tre assi (v_x, v_y e v_z). Se abbiamo un sistema composto da n corpi (o da n particelle) dobbiamo conoscere le 6 condizioni iniziali citate per ogni corpo (o particella). Se poi qualcuno ci dice quali forze (o momenti) saranno applicati a ciascun corpo (o particella) in tutti i tempi successivi, possiamo calcolare dove saranno e si sposteranno tutti i corpi (o particelle).

Naturalmente accade che le forze (o momenti) applicate a un corpo (o particella) siano dovute al moto (o all'attrazione) di altri corpi. Perciò capisci che, almeno in linea di principio, con le equazioni di Newton e con le informazioni citate puoi calcolare in anticipo quello che accadrà a sistemi anche complessi. Questo stato di cose fu descritto in modo ambizioso e drammatico dal matematico e astronomo francese Laplace:

«Supponiamo per un istante che esista una mente capace di comprendere tutte le forze dalle quali è animata la natura e la situazione rispettiva di tutti gli esseri che la compongono, una mente abbastanza vasta da saper analizzare tutti questi dati. Essa abbraccerebbe, allora, nella stessa formula i moti dei più grandi corpi dell'universo e quelli degli atomi più leggeri. Per questa mente niente sarebbe incerto e l'avvenire, come il passato, sarebbero presenti ai suoi occhi».

È una visione affascinante, che prescinde, però, dai molti tipi di incertezza cui è soggetta la nostra conoscenza. Torneremo sull'argomento.

È curioso: qualcuno potrebbe pensare che Laplace alludesse a una mente divina come capace di calcolare ogni dettaglio del mondo. Non era così: si dice che Napoleone ascoltò Laplace che esponeva le sue teorie sul cosmo e sulla sua genesi e gli chiese: «Come mai non parla mai di un Dio creatore?» Laplace avrebbe risposto: «Non ho avuto bisogno di questa ipotesi».

La composizione dei moti

Un altro concetto che Galileo espresse chiaramente è quello della composizione dei moti: se un corpo è soggetto a più forze, si muove in modo che, alla fine di ogni intervallo di tempo che consideriamo, la sua posizione e la sua velocità sono le stesse di quelle che si avrebbero se in quel tempo avesse prima agito una sola forza e, poi, in ulteriori tempi tutti uguali al primo avessero agito una dopo l'altra tutte le altre forze.

La composizione dei moti fu descritta da Galileo per il caso della forza (la carica di un cannone che esplode) che imprime velocità a un proiettile la cui traiettoria viene, poi, determinata dalla forza di gravità. La situazione è quella descritta nella Figura 5.4.

La retta orizzontale è la traiettoria che seguirebbe il proiettile in assenza di gravità. Supponiamo che la velocità iniziale in uscita dalla bocca di fuoco sia di 200 m/s (720 km/h, una velocità molto più bassa di quella raggiunta dai cannoni di oggi), allora gli spazi percorsi in orizzontale (x) e in verticale (y) dal proiettile alla fine dei secondi da 1 a 8 sono dati dalla tabella 5.6 e in figura 5.4 si vede che la traiettoria è una parabola. Per chi volesse rifare i conti, l'equazione della parabola è

$$y = (44.19/90.000)\ x^2$$

Tabella 5.6

Dopo secondi dallo sparo	*L'ascissa orizzontale x è (in metri)*	*L'ascissa verticale y è (in metri)*
1	200	4,9
2	400	19,6
3	600	44,1
4	800	76,24
5	1000	122
6	1200	178
7	1400	240
8	1600	313,6

Nota che nel grafico la scala delle ascisse è diversa da quella delle ordinate. Se avessi usato la stessa scala, sarebbe stato difficile apprezzare i piccoli spostamenti in basso del proiettile attratto dalla terra.

Ogni volta che si lancia un corpo nel campo gravitazio-

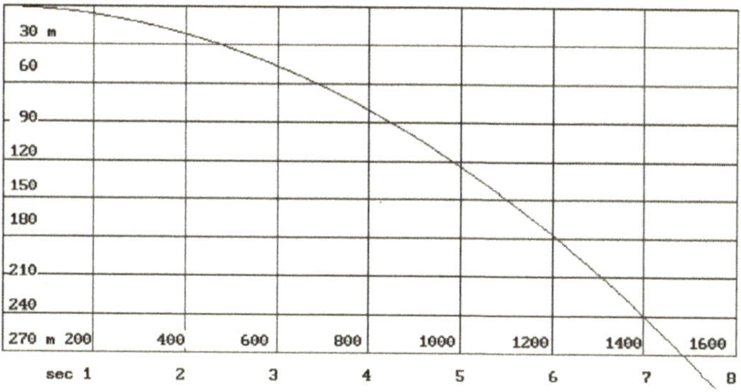

Figura 5.4 Moto composto (proiettile sparato orizzontalmente a 200 m/s).

nale terrestre, la traiettoria è una parabola. Trascurando la resistenza dell'aria (per semplificare le cose), la velocità in direzione orizzontale V_o è costante. Invece la velocità in direzione verticale V_v varia linearmente con il tempo $V_v = \pm gt$; se il corpo cade, cresce (segno +); se il corpo sta salendo dopo aver avuto una spinta iniziale, diminuisce (segno –).

Prova a disegnare la parabola per un proiettile lanciato a 45 gradi con velocità iniziale sempre di 200 m/s e in terreno piano. Non è difficile: devi sottrarre alla fine di ogni secondo al valore iniziale della velocità in ascesa del proiettile i decrementi di velocità dati dall'ultima formula scritta fin quando il proiettile smette di salire. Poi ridiscende e i conti si fanno come ho mostrato sopra. Supponiamo ora che la velocità iniziale del proiettile si scomponga in una componente orizzontale di 100 m/s e in una componente verticale identica di 100 m/s. Poi potrai rispondere alla domanda: a quale distanza dal cannone il proiettile torna a terra?

In effetti un calcolo approssimato lo può fare anche un bambino. Semplifichiamo le cose e diciamogli che la velocità verticale di un corpo lanciato in alto diminuisce a ogni secondo di 10 m/s mentre il corpo sale e poi cresce a ogni secondo di 10 m/s quando ridiscende. Così si costruisce la tabella seguente, in cui i risultati non sono del tutto esatti a causa del fatto che abbiamo usato il valore di 10 m/s^2 invece di quello vero di 9,81 m/s^2 (ma gli errori sono solo di circa il 2%).

t (secondi)	*0*	*1*	*2*	*3*	*4*	*5*	*6*	*7*	*8*	*9*	*10*
Velocità istantanea (m/s)	100	90	80	70	60	50	40	30	20	10	0
Velocità media (m/s)	0	95	90	85	80	75	70	65	60	55	50
Altezza (m)	0	95	180	255	320	375	420	455	480	495	500
Salita in 1'' (m)	0	95	85	75	65	55	45	35	25	15	5
Percorso orizzontale (m)	0	100	200	300	400	500	600	700	800	900	1000

L'altezza raggiunta è di 500 m (alla distanza orizzontale di 1 km dal cannone).

La tabella si ferma al decimo secondo: nei 10 secondi seguenti i valori della tabella sono gli stessi registrati nelle prime 10 colonne ma visti nello specchio. La colonna del secondo 11 è uguale a quella del secondo 9, tranne che il percorso orizzontale continua a crescere di 100 m per ogni secondo. Al secondo 20, il proiettile cade a terra a 2 km dal cannone. Nel grafico di Figura 5.5 sono rappresentate le traiettorie per velocità iniziali sempre di 141 m/s e per angoli di elevazione del cannone di 75°, 60°, 45° e 30°. La gittata per angoli di 30° e di 60° è la stessa, di 1754 m. Per l'angolo di 75° l'altezza raggiunta è di 942 m e la gittata è di 1027 m. La gittata massima (2039 m) si ottiene con un angolo di 45°.

Per una velocità verticale V_{yo} e una velocità orizzontale V_{xo}, cioè per una velocità iniziale $V = \sqrt{(V_{yo}^2 + V_{yo}^2)}$ con un angolo di elevazione α = arctang(V_{yo}/ V_{xo}) le formule che danno i valori di x (spostamenti orizzontali) e di y (quota raggiunta) sono:

$$x = V_{xo}\, t \quad ; \quad y = V_{yo}\, t - g\, t^2/2$$

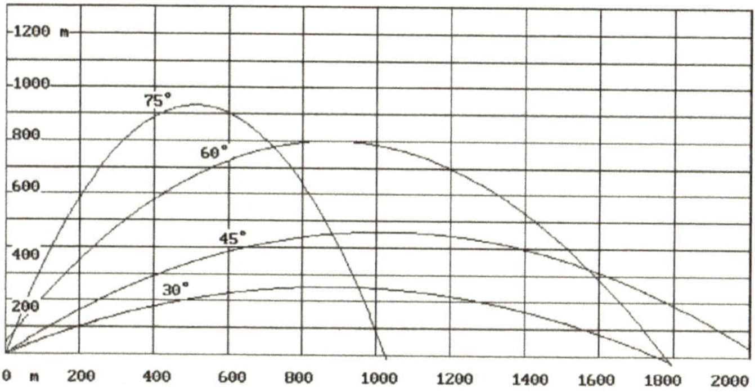

Figura 5.5 Proiettili sparati a 141 m/s (a 75°, 60°, 45°, 30°).

Per calcolare le gittate con una velocità iniziale V costante e per i vari valori dell'angolo di elevazione α, scriviamo:

$$y = V \, \mathrm{sen}\alpha \, t - g \, t^2/2 \quad ; \quad x = V \cos\alpha \, t$$
$$(\text{dove } V \, \mathrm{sen}\alpha = V_{yo} \quad ; \quad V \cos\alpha = V_{xo})$$

da cui

$t = x / V \cos\alpha$ e, inserendo questo valore nella formula di y,

$$y = x \, \mathrm{tang} \, \alpha - g \, x^2/2 \, V^2 \cos\alpha^{\,2}$$

La gittata è il valore di x che si verifica quando y torna al valore zero. Risolviamo, allora, l'equazione di secondo grado in x:

$x \, \mathrm{tang} \, \alpha - g \, x^2/2 \, V^2 \cos\alpha^2 = 0$ e otteniamo la gittata G

$$G = 2 \, V^2 \, \mathrm{sen}\alpha \cos\alpha \, /g$$

Per determinare quale sia l'angolo α a cui consegue la gittata G massima, calcoliamo la derivata di G rispetto ad α:

$$dG/d\alpha = -2 \, V^2 \, (\mathrm{sen}^2\alpha - \cos^2\alpha)$$

Quando la derivata di una funzione è uguale a zero, vuol dire che la tangente alla funzione è orizzontale e, quindi, che la funzione stessa ha raggiunto un massimo o un minimo. La derivata di G rispetto ad α si azzera quando:

$$\mathrm{sen}^2\alpha = \cos^2\alpha, \text{ cioè quando } \mathrm{sen}\alpha = \cos\alpha$$

il che notoriamente avviene quando $\mathrm{sen}\alpha = \cos\alpha = \sqrt{2/2}$, cioè quando

$$\alpha = 45°$$

Questo risultato, che si intuisce anche facilmente, era già suggerito empiricamente dalle considerazioni che hanno condotto a tracciare i grafici di Figura 5.5.

* * *

Come già detto, in quanto precede abbiamo trascurato l'effetto della resistenza dell'aria, ma si dovrebbe tenerne conto anche a velocità inferiori a quella del suono. Nell'esempio fatto sopra di un proiettile che parte alla velocità di 200 m/s, la resistenza dell'aria ha un effetto notevole: la velocità diminuisce continuamente dopo che il proiettile è uscito dal cannone. Questi fenomeni sono studiati dalla balistica esterna e dimostrano che la traiettoria dei proiettili non è affatto parabolica. Puoi provare a calcolare qualche traiettoria per punti tenendo conto che la resistenza dell'aria è una forza proporzionale al quadrato della velocità e diretta in senso opposto alla velocità istantanea. I calcoli non sono semplici e non ce ne occupiamo ulteriormente.

Newton andò più avanti e calcolò quale debba essere la velocità iniziale di un proiettile perché non cada mai, ma entri in orbita attorno alla Terra. Attento: un proiettile (o un satellite) può entrare in orbita solo ad alta quota, dove la resistenza dell'aria è nulla o minima. A bassa quota verrebbe subito frenato e cadrebbe.

Newton ragionò così. Se la velocità del proiettile è tale che dopo un secondo si è allontanato tanto dal punto di partenza che la curvatura della Terra compensa la caduta di 4,905 m dovuta alla gravità, la situazione si ripete nel secondo seguente e il proiettile continua a cadere, ma non arriva mai a terra. Per calcolare questa distanza, che ci dà la velocità di fuga già determinata prima in altro modo, ragioniamo così: se il proiettile andasse via tangente alla Terra in assenza di gravità dopo 1 s andrebbe a trovarsi in un punto che dista dalla Terra del raggio terrestre più 4,905 m. Abbiamo dunque un triangolo rettangolo con un cateto che è il raggio terrestre (prendiamo R = 6.368.000 m la media fra raggio al polo e all'equatore) e l'ipotenusa che è uguale a R + 4,905 m (cioè 6.368.004,9 m). Per calcolare l'altro cateto (che è la distanza dall'origine cercata) applica il teorema di Pitagora: il cateto cercato è la radice quadrata della differenza fra il quadrato dell'ipotenusa e il quadrato dell'altro cateto (cioè $\sqrt{[(R + 4{,}905)^2} - R^2]$.

Ma dall'algebra sappiamo che

$$a^2 - b^2 = (a + b)(a - b)$$

e se poniamo:

$$a = R + 5 \quad ; \quad b = R, \text{ otteniamo}$$

$$(R + 5)^2 - R^2 = (2R + 4{,}905) \cdot 4{,}905$$

cioè la distanza cercata (che un proiettile deve percorrere in un secondo per non cadere mai – in assenza d'aria) è:

$$\sqrt{[(2 \cdot 6.368.000 + 4{,}9)} \cdot 4{,}9] = \sqrt{62.470.110} = 7.904 \text{ m}$$

che è lo stesso valore già trovato per altra via (vedi Tabella 5.5).

I ragionamenti fatti si applicano anche al caso di moti composti, potremmo dire, per sovrapposizione. Se corro a 10 km/h su una nave che viaggia a 50 km/h nella stessa direzione, la mia velocità rispetto a riferimenti fissi sarà di 60 km/h. Se dalla stessa nave sparo davanti alla prua un proiettile che va a 1000 km/h rispetto a riferimenti fissi, viaggerà a 1050 km/h.

Il primo principio della termodinamica lo sai già, e ora puoi calcolare i numeri relativi

«Voi sapete molte cose, e non vi rendete conto di saperle. Il buon senso e l'esperienza ve le hanno insegnate: stanno dentro di voi e non sapete tirarle fuori. Con le mie domande io vi aiuto a esprimerle, come una levatrice aiuta le partorienti a far venire alla luce i loro figli.»

Pare che Socrate dicesse cose simili ai suoi discepoli. (Non lo sappiamo bene, perché non scrisse niente e leggiamo riflessi del suo pensiero solo negli scritti di Platone. C'è da dubitare su che cosa intendessero davvero certi grandi uomini che non si sono mai compromessi a scrivere alcunché.)

Il titolo di questo paragrafo non implica che io intenda seguire il metodo socratico (chiamato «maieutica»). Sostengo, però, che chi vive normalmente in un Paese moderno conosce perfettamente per esperienza continua il primo principio della termodinamica. Cominciamo a vedere alcuni esempi pratici di situazioni in cui sono in gioco energie e potenze.

Primo caso pratico. È ovvio che l'ascensore serve a fare il lavoro di portare più in alto il peso dei passeggeri: fornisce, dunque, un'energia meccanica uguale al dislivello fra i piani per il peso dei passeggeri (più quello della cabina, meno quello del contrappeso e più l'energia assorbita dagli attriti). Da dove prende questa energia? Lo sai: dal motore elettrico che a sua volta la riceve dalla rete elettrica. E il primo principio sostiene proprio questo: che l'energia elettrica si può trasformare in energia meccanica. Lo fa con rendimento alto. E come fai a calcolare questa trasformazione, con quale legge, con quali regole? Ecco una procedura per eseguire il calcolo.

Cerca nel tuo palazzo (o in un altro più alto: vedrai perché) il contatore di elettricità che misura l'energia consumata dall'ascensore. Vedrai che ha un numeratore che segna i kWh (kilowattora: fra poco vedremo meglio che cosa sono). Controlla che l'ascensore stia al pianterreno, poi vai a leggere quanto segna il contatore. Poi prendi l'ascensore e vai dal pianterreno al quarto piano. A questo punto torna (a piedi!) al contatore e leggi quanto segna. La differenza dalla lettura precedente sarà piccolissima, di centesimi di kWh. Poi riporta l'ascensore al pianterreno, leggi il contatore e questa volta sali all'ottavo piano. Se vai (a piedi) al contatore dovresti leggere una differenza doppia della precedente. Però le energie sono così piccole che non riesci a leggere niente: se il contatore è del vecchio tipo elettromeccanico, i cilindretti ruotano così poco che la lettura è impossibile. Allora guarda il disco zigrinato che appare da una finestrella sul quadrante del contatore. Sopra c'è scritto:

1 kWh = 600 giri del disco

Forse, invece di 600, c'è scritto un altro numero. Non fa differenza: usa il numero che c'è scritto e fai i conti giusti. Ora hai bisogno di un'altra persona che ti aiuti e che controlli quanti giri fa il disco quando vai dal pianterreno al quarto piano e quanti ne fa quando vai dal pianterreno all'ottavo piano. Vedrai che il secondo numero di giri è doppio del primo.

Ora dovresti calcolare a quanti joule (cioè N · m = newton · metro) corrisponde un kilowattora. Potresti farlo con precisione solo se sapessi quanto pesa la cabina dell'ascensore, quanto pesa il contrappeso e quanta energia viene assorbita dagli attriti. Allora potresti confrontare il lavoro fatto (innalzamento di pesi più attriti) con l'energia elettrica spesa. Come dicevo, mancano vari dati e il calcolo è disagevole. Però, più semplicemente basta che ragioni su come si definisce un kWh. (Se il contatore è digitale, cioè più moderno, è raro che mostri anche i decimi di kWh e, anche in questo caso, le energie in gioco sono così piccole che il controllo non può essere fatto a meno che l'ascensore non sia enorme e caricato con qualche migliaio di kg.)

È ovvio che con un motore più grosso (che assorbe più energia elettrica e più corrente) si può realizzare un ascensore che va più veloce. Senza pensare ai motori, puoi riflettere sulla fatica che fai salendo le scale a piedi.

Se pesi 80 kg, la gravità esercita sul tuo corpo una forza di circa 800 N. Se sali al quarto piano che è 15 m più alto del pianterreno, l'energia spesa è

$$800\ \mathrm{N} \cdot 15\ \mathrm{m} = 12.000\ \mathrm{J}$$

Se riesci a salire i 4 piani in un minuto (60 s), fai una fatica notevole: se non sei in buona forma fisica, non ce la fai. Alla fine hai il fiato grosso e il tuo polso accelera.

Se sali i 4 piani in 4 minuti, fatichi molto meno: arrivi senza fatica apparente.

Dunque quello che ti affatica non è l'energia che produci, ma quanto rapidamente la produci. La produzione di energia nell'unità di tempo si chiama «potenza» e si misura in joule/secondo (J/s). Un joule/secondo si chiama watt (abbreviazione: W). Il multiplo del watt è, naturalmente, il kW (kilowatt) e l'energia prodotta da una potenza di 1 kW che sia erogata per un'ora di seguito è 1 kWh (kilowattora).

Le dimensioni di una potenza sono quelle di una energia divisa per un tempo, dunque:

$$[P] = [E/T] = [ML^2T^{-3}]$$

I motori elettrici degli ascensori, a seconda delle dimensioni, possono avere potenze da pochi kW a qualche decina di kW.

Attenti, dunque, a distinguere energia, misurata in joule

(J) o in kilowattora (kWh) da potenza, energia divisa tempo, misurata in watt (W) o kilowatt (kW). Dimostra subito la sua incompetenza chi scrive di una centrale elettrica che ha una potenza di 1 milione di kilowattora o chi parla di consumi eccessivi di migliaia di kilowatt.

Una delle ragioni di misurare l'energia in kWh invece che in joule è che 1 kWh corrisponde a una quantità di energia molto maggiore. Usando questa unità, quindi, i numeri che adoperiamo sono più piccoli e maneggevoli.

Calcoliamo ora la costante con cui trasformare kWh in joule (ci servirà in altri calcoli che faremo più oltre). È immediato: basta ricordare che 1 W = 1 joule/secondo (vedi sopra).

$$1 \text{ kWh} = 1000 \text{ W} \cdot 1 \text{ h} = 1000 \text{ W} \cdot 1 \text{ h} \cdot 3600 \text{ secondi/h} =$$
$$= 3.600.000 \text{ W} \cdot \text{secondi} = 3.600.000 \text{ joule}$$

Vedi che il kW e il kWh sono definiti in base a grandezze meccaniche. Come mai il contatore elettrico, che misura grandezze elettriche, è tarato in kWh? Vedremo meglio in uno dei prossimi capitoli che le unità di misura elettriche sono state scelte proprio in modo che l'energia abbia le dimensioni e le unità di misura già viste.

Il primo principio della termodinamica stabilisce, in generale, che l'energia è una stessa grandezza che si manifesta come: energia potenziale meccanica, energia meccanica cinetica, calore o energia elettrica.

Secondo caso pratico. Un uomo robusto può produrre 200 W (cioè un quinto di kW) per breve tempo, come fa se corre su per 4 piani di scale in un minuto (con i numeri già introdotti: 12.000 joule/60 s = 200 W). Se lavora di continuo per qualche ora, non riesce a superare i 100 W.

Dunque in una giornata di 10 ore di lavoro intenso un uomo robusto che si limiti a girare una manovella per produrre energia riesce a produrre 1 kWh. Se guardi la bolletta dell'energia elettrica di casa tua, vedi che paghi 1 kWh meno di 0,20 €. In Italia nessuno sarebbe disposto ad accettare questa paga infima, ma in certi paesi primitivi sì: ci sono uomini che lavorano a queste tariffe ridotti a faticare come le bestie.

Quando fai ginnastica, devi stare attento a non erogare una potenza eccessiva per tempi lunghi perché questo può danneggiarti il cuore. Vediamo un esempio: supponi di fare flessioni sulle gambe (e che il tuo peso sia di 80 kg come dicevamo sopra). A ogni flessione, le tue anche si abbassano di circa 70 cm (0,7 m): ma, mentre vai giù, non ti sforzi, lasci solo che la forza di gravità ti attragga. La fatica la fai quando torni su. In parte il tuo corpo (le gambe) si muove poco. Diciamo che siano solo 60 kg (600 N) ad andare su e giù. L'energia spesa in ogni flessione è

$$E = 600\ \mathrm{N} \cdot 0{,}7\ \mathrm{m} = 420\ \mathrm{J}$$

Se fai 10 flessioni al minuto, l'energia è 10 volte di più e la potenza è

$$P = 10\ E/60\ \mathrm{s} = 4200\ \mathrm{J}/60\ \mathrm{s} = 70\ \mathrm{W}$$

che non è una potenza eccessiva. Puoi continuare anche abbastanza a lungo (fin quando non ti cominciano a far male i muscoli delle gambe a causa dell'accumulo di acido lattico, in cui si è trasformato il glicogeno).

Se facessi 20 flessioni al minuto, l'energia raddoppierebbe e anche la potenza: 140 W cominciano a essere tanti e, a meno che tu non sia un atleta, farai bene a non erogarli per più di un minuto o due.

Un tempo (fino a qualche decennio fa) le potenze si calcolavano in cavalli-vapore (abbreviato CV, oppure HP dall'inglese Horse-Power) e un CV è l'equivalente di 736 W. La cosa ha ormai solo un interesse storico.

Il primo principio della termodinamica afferma, inoltre, che l'energia meccanica e quella elettrica si possono trasformare in calore (energia termica). Questo avviene facilmente e, di nuovo, con rendimento alto. Vedremo nel Capitolo 8 che per il secondo principio della termodinamica la trasformazione inversa da calore in energia meccanica avviene a rendimento più basso (e vedremo di quanto).

L'energia termica si misura in calorie. Una caloria è l'energia che serve per far salire la temperatura di un kg di acqua da 14,5 °C a 15,5 °C. Vediamo ora a quante calorie equivale 1 kWh con un esperimento semplice che chiunque può fare.

Terzo caso pratico. Basta disporre di un frullatore e di un contatore elettrico. A casa tua puoi usare il contatore «della luce», ma, per fare le misure che ora descrivo, bisogna che stacchi tutte le alimentazioni a: lampadine, frigo, radio, TV, lavatrice, lavastoviglie, scaldabagno elettrico ecc. Stacca tutto e controlla che il disco rotante del contatore sia fermo.

A questo punto leggi l'indicazione del contatore, oppure, come visto prima, preparati a contare i giri del disco per tutta la durata dell'esperimento.

Poi metti mezzo litro d'acqua in un frullatore e misurane la temperatura con un termometro (attendendo il tempo necessario a che la lettura del termometro si stabilizzi). Poi accendi il frullatore e lascialo girare per 10 minuti. Fermalo e misura subito di nuovo la temperatura e poi leggi l'indicazione del contatore elettrico o traduci in kWh il numero di giri del disco che hai contato (se il disco ha fatto 15 giri e la targhetta dice «1 kWh = 600 giri del disco», l'energia erogata è 1/40 di kWh cioè 25 Wh).

Ora i gradi di aumento della temperatura moltiplicati per 0,5 litri misurano (in calorie) il calore trasmesso all'acqua. L'energia elettrica è misurata dal contatore. Io ho fatto l'esperimento e la temperatura dell'acqua è cresciuta di 15 °C, mentre l'energia elettrica era 25 Wh, da cui vedi che:

$$7{,}5 \text{ calorie} = 0{,}025 \text{ kWh} \quad \text{cioè} \quad 1 \text{ kWh} = 300 \text{ calorie}$$

Semplice, no? Certo: è semplice, e sbagliato. Infatti i manuali indicano che l'equivalenza giusta è

$$860 \text{ calorie} = 1 \text{ kWh}.$$

L'esperimento fatto mostra che 1 kWh si trasformava solo in 300 calorie trasmesse all'acqua perché una parte del calore (piccola) è stata trasmessa all'ambiente circostante, mentre un'altra parte (notevole) dell'energia elettrica è andata a compensare le perdite del motore del frullatore e quelle per attrito. Ho ripetuto l'esperimento avvolgendo il frullatore in una coperta e ho registrato un aumento di 17 °C con un consumo di 25 Wh. Ora l'energia di 25 Wh ha prodotto 340 calorie, il che vuol dire che il rendimento del frullatore è solo 340/860 = 29,5%. Prova a fare l'esperimento e vedi a quanto riesci ad arrivare. Se l'acqua è isolata bene e non perde calore verso l'ambiente, il rapporto fra le calorie misurate sperimentalmente e il valore di 860 misura appunto il rendimento del frullatore.

Quarto caso pratico. Tanto per avere un altro punto di riferimento, quanta energia si immagazzina in uno scaldabagno elettrico? Supponi che innalzi la temperatura di 80 litri d'acqua da 15 °C a 80 °C. L'energia termica è:

$$80 \cdot (80 - 15) = 80 \cdot 65 = 5200 \text{ calorie}$$

equivalenti a

$$5200 \text{ calorie} \cdot 1 \text{ kWh}/860 \text{ calorie} = 6{,}046 \text{ kWh}$$

Ma la temperatura dell'acqua non arriva a 80 °C se lasci acceso uno scaldabagno da 1 kWh per 6 ore e 3 minuti perché via via che l'acqua si scalda cede una parte del suo calore all'ambiente esterno, anche se lo scaldabagno è isolato abbastanza bene. Talora, poi, l'isolamento dello scaldabagno è scarso e la perdita di calore verso l'esterno è notevole. Accade ancora più spesso che sia scarso l'isolamento dei tubi che portano l'acqua dallo scaldabagno ai rubinetti del bagno. Allora ogni volta che apri l'acqua calda, prima di usufruirne scaldi i muri e poi, magari, usi acqua calda solo per lavarti le mani. Di conseguenza, il rendimento medio effettivo di uno scaldabagno elettrico è solo del 20%, mentre quello teorico sarebbe del 100% perché nella trasformazione dell'energia elettrica in termica teoricamente non ci dovrebbero essere perdite.

Il primo principio della termodinamica: enunciato

Visti questi semplici esempi, possiamo enunciare così il primo principio della termodinamica: la variazione dell'energia U di un certo sistema può dipendere da assorbimento (o cessione) di calore e da variazione di quota (energia potenziale) o di velocità (energia cinetica). Questa variazione dell'energia U è uguale alla somma del calore Q trasmesso al sistema e del lavoro W fatto sul sistema.

$$\text{Variazione di } U = Q + W$$

La scoperta del primo principio è normalmente attribuita a J.R. von Mayer che determinò sperimentalmente il valore citato di 860 calorie/kWh. In effetti il concetto dell'equivalenza fra energia meccanica e calore era stato trovato nel 1795 da Benjamin Thompson, un fisico geniale e un avventuriero, mentre trapanava getti di bronzo per farne cannoni per l'esercito bavarese. J.P. Joule calcolò in base ai dati di Thompson un fattore di equivalenza di 1164 calorie/kWh (con un errore di circa il 35%).

Che cosa non sai della tua auto e che cosa sai calcolare di qualsiasi auto

Era una calda notte d'estate del 1972. Tornavo in auto da Ancona a Roma, quando l'acceleratore smise di funzionare. Il pedale era molle. Il motore girava al minimo. Era facile capire la causa del guasto: si era spezzato il filo d'acciaio che collegava il pedale del gas alla levetta di comando della valvola a farfalla del carburatore. Ero fermo in mezzo alla campagna e non c'era traffico: inutile sperare nell'intervento di un meccanico. Allora trovai nel bagagliaio uno spezzone di filo elettrico lungo 3 o 4 metri. Aprii il cofano e ne legai un capo alla levetta sopra il carburatore. Richiusi il cofano senza far scattare il fermo: così restava socchiuso, ma il vento della corsa lo avrebbe tenuto giù perché fortunatamente era incernierato nella parte anteriore. Ora dal posto di guida potevo tirare il cavetto elettrico e accelerare, lasciarlo andare e decelerare. Tornai a Roma così, e mi sembrava di guidare un cavallo con la briglia, anche se la dovevo manovrare all'incontrario: tirarla per correre e lasciarla lenta per rallentare.

Questa riparazione era ovvia e facile. Ma un tempo girava la battuta che per riparare certe macchine italiane, bastava avere un paio di pinze e un pezzo di filo di ferro. Non era vero. In genere ci voleva ben altro. E oggi le cose si sono complicate di molto. La carburazione e altre funzioni della maggior parte delle auto sono governate da un computer. In caso di guasti complessi, non basta nemmeno un meccanico capace ed esperto di informatica: ci vuole una workstation speciale con cui analizzare anche i malfunzionamenti dei microprocessori di bordo.

Malgrado questo, puoi calcolare le grandezze fisiche variabili mentre usi la tua auto qualunque sia il fabbricante, il modello, la versione, il tipo di motore. Vediamo come si fa, supponendo che la macchina con il suo carico pesi 1000 kg (il peso di questa massa di 1000 kg è una forza di 9810 newton, per semplicità consideriamo che siano 10.000 N). Se il libretto delle caratteristiche tecniche ti dice che il peso è diverso e se trasporti 5 persone più bagaglio, fai presto a fare il conto del peso totale e a modificare i calcoli che seguono in modo ovvio eseguendo qualche moltiplicazione.

Se la tua auto parte da un certo posto e poi va in salita fino a un altro posto che si trova a una quota più alta di 200 metri, l'energia potenziale E che ora immagazzina (e che deve essere fornita dal motore) è

$$E_{200} = 10.000\ \text{N} \cdot 200\ \text{m} = 2.000.000\ \text{J}$$

per tradurli in kWh dobbiamo dividere per 3.600.000 J/kWh

(l'equivalenza è stata già spiegata poche pagine prima) e otteniamo

$$E_{200} = 2.000.000\,J/3.600.000\,J/kWh = 0,555\,kWh$$

Se con la stessa auto fossi andato in cima a un monte alto 1000 m, l'energia immagazzinata sarebbe 5 volte di più, cioè E_{1000} = 2,775 kWh.

Sia nel primo caso, sia nel secondo bisogna aggiungere l'energia consumata per vincere la resistenza dell'aria (che notoriamente è tanto maggiore quanto più alta è la velocità), gli attriti nel motore e l'attrito delle ruote sulla strada. Nelle pagine seguenti vedremo come si calcolano gli attriti e la resistenza dell'aria (che si chiamano rispettivamente «resistenze passive» e «resistenza del mezzo», espressione usata già da Galileo).

Intanto vediamo: quanta strada farà l'auto per arrivare alla quota di 200 m e a quella di 1000 m? Supponiamo che la pendenza media sia del 5% e il percorso minimo in linea retta di 20 volte la quota raggiunta, cioè nei due casi 4 km e 20 km. È normale che la strada segua qualche deviazione, per cui arrotondiamo queste due distanze in 5 km e 25 km (e la pendenza media sarà in ambo i casi del 4%). Come già detto, questi calcoli valgono per auto diesel, a benzina o elettriche, qualunque ne sia la marca o l'età. Quelle più vecchie saranno meno aerodinamiche e più pesanti, avranno rendimenti più bassi e consumeranno di più per raggiungere lo stesso risultato. Le differenze, però, saranno piccole. Gli ordini di grandezza sono quelli detti.

Come si calcolano potenza, coppia, accelerazione, energia e resistenze passive in un'auto

Quanto ci metti con la tua auto a percorrere i 25 km che abbiamo visto arrivando a una quota di 1000 m? Introduciamo ipotesi semplificatrici, altrimenti il calcolo è arduo o impossibile. Supponiamo che:

- sulla strada tu sia solo: se ci fosse traffico, ti rallenterebbe o fisicamente o perché devi procedere con prudenza maggiore;
- tu vada a velocità costante;
- non ci sia vento né favorevole, né contrario (perché sia pure di poco altererebbe la resistenza dell'aria).

Ora è chiaro che con una vecchia 500 ci metteresti molto più tempo che con una grossa Alfa Romeo. In queste due ipotesi bisognerebbe rifare i conti perché la 500 pesa meno di 1000 kg e la grossa Alfa pesa di più. Consideriamo, allora, un'auto media che percorre i 25 km a 72 km/h (cioè a 20 m/s). Il tempo impiegato sarà:

$$t = 25.000\ m/20\ m/s = 1250\ secondi = 20'\ 50'' = 0{,}347\ h$$

Abbiamo visto prima che l'energia per portare a 1000 m di quota un'auto che pesa 1000 kg, cioè $E_{1000} = 2{,}775$ kWh. In prima approssimazione la potenza erogata per circa 21 minuti è

$$P_{1000} = E_{1000}/t = 2{,}774\ kWh/0{,}347\ h = 8\ kW$$

Ma non è proprio così: bisogna aggiungere la potenza necessaria a vincere la resistenza dell'aria e gli attriti.

Cominciamo con la resistenza dell'aria. Qui fidati: grosso modo la resistenza dell'aria dipende dal quadrato della velocità. Ti puoi ricordare questi dati empirici (io, stranamente, per averli usati spesso più di cinquant'anni fa, li ricordo ancora a memoria):

Velocità dell'aria (km/h)	*Velocità dell'aria (m/s)*	*Forza esercitata (kg/m²)*
65	18,05	19
130	36,11	76

Dalla tabella si deduce facilmente la formula che dà la forza F (esercitata dal vento su ogni m^2 di superficie a esso perpendicolare, ed espressa in newton/m^2) in funzione della velocità V (in km/h):

$$F = 0{,}044\ V^2$$

Nell'esempio che stiamo analizzando, la velocità dell'auto è di 72 km/h e supponiamo che la sua sezione trasversale sia di 2 m^2. Allora la forza che si oppone al moto a causa della resistenza dell'aria è

$$F_a = 0{,}044 \cdot 72^2\ N/m^2 \cdot 2\ m^2 = 456\ N$$

Questa forza si oppone al moto e assorbe 456 joule per ogni metro che l'auto avanza. Per conoscere la potenza, bisogna dividere per il tempo. In altre parole la potenza P_a che il motore deve fornire è uguale alla forza F_a moltiplicata per la velocità in m/s (e 72 km/h equivale a 20 m/s). Dunque:

$$P_a = F_a \cdot V = 456\ N \cdot 20\ m/s = 9{,}12\ kW$$

che vanno aggiunti agli 8 kW necessari a spostare l'auto su una salita con pendenza del 4%. Per ora il totale è circa 17 kW. Notiamo che la potenza necessaria a vincere la resistenza dell'aria è maggiore di quella che serve per far andare l'auto in salita. E dobbiamo ancora aggiungere la potenza necessaria a vincere gli attriti. Limitiamoci a considerare l'attrito delle ruote contro la strada. Qui potremmo andare a leggere un manuale che ci suggerisca come si calcola l'attrito. Però questo libro pretende di farti fare qualche passo per diventare tu stesso un fisico (anche se ancora un po' approssimativo e pecione, però grosso modo corretto).

Dunque accetta il concetto che l'attrito è una forza che si oppone al moto e che è proporzionale al peso dell'oggetto che si muove strisciando o rotolando per terra. Accettato il principio, esegui questa semplice misura: prendi una bicicletta, mettila in piano, disponi un pedale nella posizione più alta, sali su questo pedale e poi facci gravare il tuo peso in modo che scenda alla posizione più bassa e che trasmetta energia alla ruota posteriore attraverso la catena. La bicicletta andrà avanti, e tu intanto stai in equilibrio su quel pedale, con le mani sul manubrio. Infine: misura la distanza D, cioè di quanti metri la bicicletta avanza prima di fermarsi.

Questo ti permette di valutare l'attrito delle ruote per terra. Ecco come. L'energia che fornisci è la forza del tuo peso che si abbassa del doppio della lunghezza del pedale:

$$E = P_N \cdot 2\,L \quad \text{in joule}$$

La forza dell'attrito è uguale a una frazione f del peso P_N. La forza $f \cdot P_N$ moltiplicata per la distanza D deve essere uguale all'energia fornita E. Dunque:

$$E = P_N \cdot 2\,L = f \cdot P_N \cdot D$$

da cui

$$f = 2\,L/D$$

Ho fatto l'esperimento. Il pedale era lungo 0,25 m (= L) e la bici camminò per 25 metri. Perciò

$$f = 0{,}5/25 = 0{,}02$$

che è un numero puro (adimensionale, cioè privo di dimensioni fisiche) essendo il rapporto fra due lunghezze.

[L'attrito misurato sulla bicicletta o calcolato per l'auto è basso. La forza relativa è solo il 2% del peso dell'oggetto mobile. Questo attrito è così basso perché non dipende da una superficie che striscia su un'altra (con un tipo di attrito che si chiama «radente» e che ricorda il rumore che fa uno che si rade con un rasoio e che incontra la resistenza dei peli della barba): le ruote rotolano (e l'attrito si chiama «volvente»). In tutti e due i tipi di attrito, la resistenza al moto è inizialmente (cioè prima che l'oggetto si metta in moto) più alta e si chiama «attrito di primo distacco». Ne abbiamo esperienza diretta se spingiamo una cassa pesante su un pavimento: farla muovere richiede molto sforzo, una volta che è in moto la fatica cala. Se un treno ha molti vagoni e la locomotiva non ha una grande potenza, può essere che non ce la faccia a mettere in moto tutti i vagoni insieme vincendo l'attrito di primo distacco di tutti. Allora il macchinista fa marcia indietro e spinge insieme tutti i vagoni in modo da creare un lasco su tutte le connessioni fra vagoni. Quando riparte dovrà vincere dapprima solo l'attrito di primo distacco del primo vagone. Quando questo si è mosso, la connessione con il secondo si tende, poi si vince l'attrito di primo distacco del secondo vagone che si mette in moto, tende la connessione con il terzo e così via.]

Supponiamo arditamente che le cose vadano nello stesso modo per l'automobile e per la bicicletta e accettiamo rozzamente questo valore f = 0,02. Perché dico «rozzamente»? Ma perché una misura sola fatta su una macchina diversa non è molto significativa. Stiamo implicando, poi, che l'attrito non dipende dalla velocità e prescindiamo da ipotesi più precise su quanto sia liscia o ruvida la strada e quale sia lo stato delle gomme. Dunque la forza di attrito che si oppone al moto è uguale a f che moltiplica il peso dell'auto (10.000 newton), cioè 200 newton.

(Potresti fare un controllo mettendo la tua auto in folle e in piano, mettendoci dietro una bilancia pesa persone e spingendo sul piatto della bilancia fino a muovere l'auto. Ricorda che 200 N equivalgono circa a 20 kg. Vedi un po' se ci riesci; anche questo sistema di misura è rozzo e goffo.)

Comunque, come nel caso della resistenza dell'aria, moltiplichiamo questa forza per la velocità di 20 m/s e otteniamo la potenza necessaria a vincere gli attriti, che è

$$Pp = 200 \text{ N} \cdot 20 \text{ m/s} = 4 \text{ kW}$$

che dobbiamo aggiungere al totale già trovato di 17 kW. La potenza totale è, quindi, di 21 kW.

E non basta ancora perché la potenza prodotta dal motore viene ridotta in conseguenza delle perdite per attrito: nel cambio, nel differenziale e nelle pasticche dei freni che, anche quando non blocchi l'auto, toccano appena appena i dischi (e queste non le avevamo considerate prima). Tutte queste perdite assorbono circa il 25% dell'energia fornita dal motore. Quindi per trovare la potenza prodotta dal motore devi dividere per 0,75 il valore di 21 kW trovato, e ottieni 28 kW.

Questa è la potenza a regime per andare su a velocità costante per questa salita con pendenza del 4%. E se vuoi accelerare, quanta potenza devi tirare fuori? (Ricorda che anche questa potenza addizionale andrà divisa per 0,75 per tener conto degli attriti nel cambio, nel differenziale ecc.)

Supponi di voler passare da 72 km/h (20 m/s) a 90 km/h (25 m/s) in un tempo di 25 secondi. L'accelerazione dell'auto dovrà essere

$$a = (5 \text{ m/s}) / 25 \text{ s} = 0{,}2 \text{ m s}^{-2}$$

La massa è di 1000 kg, dunque la forza è

$$F = 1000 \text{ kg} \cdot 0{,}2 \text{ m s}^{-2} = 200 \text{ N}$$

E la potenza? Questa la calcoli moltiplicando la forza per la velocità, e sarà massima alla fine dell'accelerata:

$$P2 = 200 \text{ N} \cdot 25 \text{ m/s} = 5 \text{ kW}$$

che, divisa per 0,75 dà circa 7 kW che vanno ad aggiungersi ai 28 kW già calcolati: siamo a 35 kW. Ma la resistenza dell'aria, che a 20 m/s assorbiva 9 kW, cresce con il quadrato della velocità e assorbirà ora una potenza

$$P_a = 9 \text{ kW} \cdot (25/20)^2 = 9 \cdot 1{,}56 = 14 \text{ kW}$$

P_a è cresciuta di 5 kW (che divisi per 0,75 danno 7 kW; quindi, la potenza erogata totale sarà di 42 kW.

Facciamo ora il conto della coppia che deve produrre il

motore per fornire una potenza di 42 kW (quella massima ora calcolata) alla velocità di 90 km/h (25 m/s). A quella velocità le ruote, se hanno un diametro di 0,6 m (e una circonferenza di 1,88 m) fanno:

$$25/1,88 = 13,3 \text{ giri/s} = 13,3 \cdot 6,28 = 83,5 \text{ rad/s}$$

Dal libretto dell'auto trovi che il rapporto al differenziale è 1:3,5. Dunque se sei in quarta (rapporto 1:1 fra motore e albero di trasmissione) l'albero motore fa 3,5 volte più giri delle ruote: fa 46,4 giri/s (= 2785 giri/min) = 46,4 · 6.28 = = 292 rad/s. La coppia che deve produrre il motore è uguale alla potenza divisa per la velocità angolare:

$$C = 42 \text{ kW}/292 \text{ s}^{-1} = 144 \text{ N} \cdot \text{m} = 144 \text{ J}$$

Un problemino scherzoso e come calcolare quanto è alta l'atmosfera

Problema: supponi di far gorgogliare aria alla pressione p da un foro alla base di un recipiente che contiene un liquido L fino all'altezza h, mentre al di sopra il recipiente contiene di nuovo aria. L'aria sale attraverso il liquido e si unisce a quella contenuta nel volume superiore del recipiente: a questo punto la pressione dell'aria è salita di una atmosfera. Si chiede: di che liquido si tratta?

Se proponi il quesito a fisici giovani, vedrai che si irritano e non lo prendono sul serio (quelli più anziani, se lo capiscono, ti possono anche bastonare o, quanto meno, ti guarderanno storto). La ragione è che il problemino è basato su una vecchia freddura. La risposta è: «Il liquido è Vecchia Romagna Etichetta Nera, il brandy che crea un'atmosfera». Diceva così, infatti, una pubblicità di questa marca che veniva ripetuta spesso anni fa.

Ora la pressione dell'aria viene indicata tradizionalmente come «una atmosfera». Se le gomme della tua auto sono gonfiate a 2 atmosfere, questo vuol dire che all'interno la pressione supera di 2 atmosfere quella esterna, si tratta, cioè, di una sovrapressione. (Durante la guerra, le auto tedesche portavano sui parafanghi l'indicazione della pressione a cui portare gli pneumatici, che era spesso «1,5 atü», «ü» stava per «überdruck» cioè «sovrapressione» e «at» per atmosfera).

Se la tua mano ha una superficie di 100 centimetri quadrati, quando il palmo è rivolto verso l'alto, insiste su di esso una forza di 100 kilogrammi. Non te ne accorgi perché una forza uguale e contraria agisce sul dorso della mano che è rivolto verso terra. Perché? Ma perché la pressione atmosferica esercita una forza di 1 kg su ogni centimetro quadrato del tuo corpo.

Questo fatto che la pressione atmosferica sia uguale circa a 1 kg/cm^2 significa che la colonna d'aria sovrastante ogni centimetro quadrato della superficie terrestre pesa 1 kg e sopra ogni metro quadrato insiste un peso di 10.000 kg, cioè di 98.100 newton. La pressione si misura in bar, dove un bar è uguale a 100.000 pascal o N/m^2. C'è chi dice 1000 ettopascal invece di 100.000 pascal, ma questo uso dei multipli non è corretto.

Per misurare la pressione atmosferica p, creiamo il vuoto da una parte di uno stantuffo di superficie S e lasciamo che l'aria prema sull'altra faccia dello stantuffo. Per tenerlo fermo dovremo esercitare una forza

$$F = p\,S$$

sul lato dello stantuffo dove c'è il vuoto. Risulta, dunque, che (al livello del mare) p (= F/S) è uguale a 9,8 newton/cm^2, cioè a 1 kg per cm^2.

Ricorderai l'esperimento che si realizza con un tubo di vetro lungo 1 metro (chiuso a un'estremità). Lo riempi di mercurio. Se lo capovolgi tenendo l'estremità aperta sommersa in un recipiente pieno di mercurio, il tubo non si svuota: resta una colonna di mercurio (Hg) alta circa 760 mm. Perché? Perché si crea il vuoto nella parte superiore chiusa del tubo e la pressione dell'aria bilancia il peso della colonna di mercurio alta 760 mm. Ho descritto un barometro. La pressione atmosferica non è costante: dipende dalla temperatura, dai venti e dalle vicissitudini dello spazio intorno alla superficie terrestre. Quindi i calcoli che ci avviamo a fare non daranno valori esatti, ma approssimati.

Un dato che possiamo prendere per fede dai manuali scritti dai fisici è che al livello del mare 1 m^3 di aria pesa 1,293 kg. Dico che lo prendiamo per fede perché non è facile eseguire questa misura, dato che l'aria tende a far galleggiare ogni contenitore immerso in essa (proprio come ogni corpo immerso in un fluido riceve una spinta dal basso verso l'alto uguale al peso del fluido spostato: per questo nell'acqua galleggiano le barche, le navi e i nostri corpi). Certo la spinta verso l'alto dovuta all'immersione nell'aria è piccola, ma è quella che fa volare aerostati, dirigibili e palloncini pieni di idrogeno o di elio (gas più leggeri dell'aria).

Chiamiamo ρ (è la lettera greca che si pronuncia come la «r» e si chiama «ro») la densità dell'aria. Abbiamo appena detto che al livello del mare è $\rho = 1{,}293\ kg/m^3$. Dunque la densità è il rapporto fra la massa e il volume di una sostanza (in questo caso l'aria). Chiamando M la massa e V il volume (che fissiamo in un metro cubo), è

$$\rho = M/V$$

Se su 1 metro quadrato insistesse solo 1 metro cubo d'aria del peso detto, la pressione sarebbe di $1{,}293\ kg/m^2$ e non di circa $10.000\ kg/m^2$.

Ora facciamo un calcolo: per ogni pezzettino di altezza (di quota) a cui ci alziamo, c'è un po' d'aria in meno che pesa verso il basso. Se chiamiamo dh (si legge «diacca») questo pezzettino infinitesimo (magari, per questo concetto di infinitesimo, vai a leggere la spiegazione su *Anche tu matematico*), il volume che sta sopra una qualunque superficie S è il prodotto $(S \cdot dh)$ e il peso che si sottrae è $\rho\, g\, dh\, S$. La pressione da sottrarre (per questo gli diamo il segno negativo) a quella atmosferica, se ci alziamo di quello staterello di altezza dh, è:

$$dp = -\rho\, g\, dh$$

Il punto, qui, è che la densità dell'aria ρ diminuisce via via che si sale di quota. Dunque dovremmo trovare con quale legge diminuisce. Quindi, calcoliamo la densità e, poi, il peso di ogni metro cubo d'aria che si aggiunge alla colonna d'aria sovrastante 1 metro quadrato al livello del mare. Infine sommiamo tutti i pesi di tutti questi metri cubi e il risultato sarà la pressione atmosferica al livello del mare.

Qui c'è bisogno di una

DIGRESSIONE SULLE PRESSIONI E I VOLUMI DEI GAS

Non ti spaventare. Vedrai che i concetti più importanti che espongo in questa digressione li hai già in testa per esperienza e perché hai ragionato, magari inconsciamente, su qualcosa che hai fatto.

Problema: hai un recipiente di volume v che contiene aria alla pressione p. Se fai diminuire il volume, per esempio agendo su uno stantuffo, come cambia la pressione?

Se hai mai sgonfiato le gomme di una bicicletta o premuto sulla superficie esterna di un materassino pneumatico per farne uscire l'aria, sai bene che il volume cala e la pressione cresce. L'esperienza mostra che pressione e volume sono inversamente proporzionali: se dimezzi il volume, la pressione raddoppia. Se dimezzi la pressione, raddoppia il volume. In formula si scrive:

$$p \cdot v = \text{costante}$$

Quel che ho detto vale se la temperatura non cambia. Ma anche dei cambiamenti di temperatura hai esperienza. Misura la pressione delle gomme di un'auto che è stata in garage al fresco. Poi mettila al sole e fai un percorso di un'ora. Potrai misurare che le gomme sono più calde e che la pressione è salita. La legge che definisce come variano pressione, volume e temperatura si chiama legge dei gas perfetti e si scrive:

$$p\,v = n\,R\,T$$

Qui p è la pressione del gas, v è il volume, T è la temperatura misurata in gradi kelvin, cioè a partire dallo zero assoluto (–273 gradi) – quindi una temperatura ambiente di 20 °C equivale a 293 °K (gradi kelvin) –, R è una costante che vale 8,314 J/°K · mole (questi sono joule per grado assoluto e per mole). Infine n è il numero delle moli di gas considerate. E spieghiamo che cosa è una mole: è una massa che vale tanti grammi quanto è il peso molecolare del gas considerato. Un atomo di ossigeno ha un peso atomico di 16 (circa 16 volte maggiore di quello di un atomo di idrogeno). Una molecola di ossigeno (O_2) composta

da due atomi, ha un peso molecolare di 32. Dunque 32 grammi di ossigeno corrispondono a 1 mole di ossigeno.
Se abbiamo 64 grammi di ossigeno (2 moli) a una temperatura di 20 °C (293 °K), il prodotto p · v della pressione per il volume deve valere

$$2 \cdot 8{,}314 \cdot 293 = 4.872 \text{ newton} \cdot \text{m}$$

Se il volume è di 0,1 m^3 (cioè 100 litri), la pressione è

$$p = 4872 \text{ N m} / 0{,}1 \text{ m}^3 = 48.720 \text{ N/m}^2$$

Se lasciamo espandere i 64 g di ossigeno a occupare 200 litri, la pressione si dimezza: scende a 24.360 N/m^2. Se li comprimiamo in modo che occupino solo 50 litri, la pressione raddoppia, cioè va a 97.440 N/m^2. (E succedono esattamente le stesse cose, se, invece di 64 grammi di ossigeno, usiamo 56 g di azoto oppure 4 g di idrogeno, perché questi pesi equivalgono sempre a 2 moli di quei gas).
FINE DELLA DIGRESSIONE

Torniamo, ora, alla pressione atmosferica e riprendiamo l'equazione

$$dp = \rho\, g\, dh$$

dalla quale vogliamo dedurre la legge con cui cala la densità dell'aria via via che cresce la quota. Per definizione la densità è il rapporto fra massa e volume:

$$\rho = m/v, \text{ da cui } v = m/\rho$$

e, sostituendo questo valore di v nell'equazione pv = n RT otteniamo:

$$p = \rho\, n\, RT/m, \quad \text{cioè} \quad dp = d\rho\, n\, RT/m = -\rho\, g\, dh$$
$$\text{da cui} \quad d\rho/\rho = -dh/(nRT/mg)$$

Integrando i due membri si ottiene (se non ti è chiaro,

consulta un libro di matematica, magari il mio *Anche tu matematico* e impara a fare gli integrali):

$$\log \rho = - h/(nRT/mg) + C_1 \quad \text{cioè}$$
$$\rho = k1\ e^{-h/(nRT/mg)}$$

I valori delle costanti che appaiono nell'equazione sono:

R = 8,314 J/°K · mole;
m = 1,293 kg;
$g = 9{,}81\ m/s^2$
T = 273 °K

Prendiamo questa temperatura T (zero centigrado) come temperatura media dell'aria per tener conto rozzamente del fatto che alle alte latitudini e in quota la temperatura si abbassa molto. Per calcolare il numero di moli in 1 metro cubo alla pressione di 760 mm di mercurio (al livello del mare), ricorda che il peso di 1 metro cubo di aria è 1293 grammi, che il peso molecolare dell'ossigeno è 32 e quello dell'azoto è 28, che l'aria è composta per il 79% di azoto e per il 21% di ossigeno. Dunque il numero di moli è dato da

$$1293/(0{,}79 \cdot 28 + 0{,}21 \cdot 32) = 1293/28{,}84 = 44{,}83 = n$$
$$nRT/mg = 44{,}83 \cdot 8{,}314 \cdot 273/(1{,}293 \cdot 9.81) = 8021\ m$$

Attento: nel primo termine qui sopra il simbolo m sta per massa. Invece nell'ultimo termine 8021 m sono 8021 metri. *Perché metri*? Lo calcoli subito dato che:
R si misura in $N\ m/K° = kg\ m^2\ s^{-2}/K°$
T si misura in K°
m si misura in kg e g si misura in m/s^{-2}.
Per calcolare il peso della colonna d'aria di cui sopra, sommiamo allora tutti i pesi dei metri cubi di aria con la formula trovata, dove k1 deve essere uguale a 1,293 kg/m^3 (la densità dell'aria a livello del mare). La formula, che esprime la densità in funzione dell'altezza, è, quindi,

$$\rho = 1{,}293\ /e^{(h/8021)}$$

e un programmino per eseguire il calcolo è il seguente (in QBasic)

```
CLEAR
s = 1.293
e = 2.71828182#
FOR i = 1 TO 70000
s = s + (1.293 / (e ^ (i / 8021)))
xx = i MOD 5000
IF (xx = 0) THEN GOTO 50 ELSE 60
50 LPRINT «p»; i; «=»;
s, 1 / e ^ (i /8021), 760 * (1/e ^ (i /8021))
60 NEXT i
END
```

[ATTENTO: scrissi questo programma molti anni fa e funzionava su un PC che aveva il sistema operativo Windows98 e includeva MS.DOS. Andrà modificato a seconda del computer e del sistema operativo che hai.]

La tabella seguente riporta i risultati ottenuti facendo girare il programma.

Quota q sul livello del mare (in m)	*Pressione colonna aria fino alla quota q (in kg/m²)*	*Pressione colonna aria sopra la quota q (in kg/m²)*	*Pressione alla quota q (in bar)*	*Pressione alla quota q (in mm Hg)*
0	0	10.369	1	760
5000	4812	5557	0,535	407
10.000	7390	2979	0,287	218
15.000	8773	1596	0,153	116
20.000	9514	855	0,082	62
25.000	9912	457	0,044	33
30.000	10.125	184	0,017	13
35.000	10.239	130	0,012	9
40.000	10.300	69	0,006	5
45.000	10.333	36	0,003	2
50.000	10.351	18	0,001	1
55.000	10.361	8	0,0007	0,5
60.000	10.366	3	0,0002	0,15
65.000	10.369,08	~ 0		
70.000	10.369,08	~ 0		

La quarta e la quinta colonna riportano le pressioni atmosferiche alle varie quote di 5 in 5 kilometri. Va osservato che questi calcoli non sono accurati. Infatti sono basati sull'ipotesi che la temperatura dell'aria sia ovunque di zero gradi centigradi. Come già accennato, non è così e bisognerebbe introdurre nell'equazione dei gas perfetti almeno le temperature più realistiche (–20 °C [253 °K] a circa 5000 m s.l.m., –40 °C [233 °K] a circa 10.000 m s.l.m.) per migliorarli.

Però l'approssimazione non è tanto cattiva e si dimostra in questo modo che non c'è quasi più aria a quote superiori ai 30 km, cioè oltre la stratosfera. (Lo aveva già capito Torricelli nel XVII secolo valutando in 50 miglia l'altezza dell'atmosfera.) In effetti c'è ancora abbastanza aria anche oltre i 100 km di quota da frenare i satelliti artificiali in orbite basse e da cominciare a frenare gli shuttle che rientrano.

Oltre i 100 km di quota cominciano la ionosfera e la magnetosfera in cui si verificano aurore boreali e altri complessi fenomeni dei quali qui non ci occupiamo.

*La pressione e i fluidi (*Omnia munda mundis*)*

Omnia munda mundis è latino. Significa «tutte le cose sono pure per chi è puro». Cito questo proverbio antico perché sto per parlare di orina (sì: di pipì) e di prostata. Questo organo nei maschi è attraversato dall'orina e, verso i 60 o 70 anni di età, spesso aumenta il proprio volume, si infiamma e causa problemi. Talora ne consegue che si restringe la sezione della sua parte tubolare. Quindi la minzione (il fare pipì) diventa difficile e dolorosa. L'unico modo per risolvere radicalmente il problema è quello di operare. Mi trovai proprio in queste condizioni e andai da un urologo, un luminare: bravissimo. Mi chiese:

«Che problema ha?».

Risposi:

«L'area della sezione della parte tubolare della mia prostata si è ridotta a poco meno di 5 mm^2. Sono insufficienti. Ne soffro».

Lui sbottò subito:

«E come cavolo l'ha fatta questa misura?».

Glielo spiegai così.

L'unico strumento di misura che serve è un metro. Ragioniamo. Stiamo considerando un uomo (maschio, per ragioni ovvie) che fa pipì orizzontalmente. Il getto liquido arriva a terra a distanza D dal foro di uscita. Misuriamo l'altezza s dal suolo del punto di uscita del getto. Il tempo che impiega il getto liquido ad arrivare a terra dipende solo dall'altezza s da cui parte. Perché? Ma perché inizialmente la velocità del liquido è orizzontale. Quindi la velocità verticale dipende solo dalla forza di gravità. Per cadere dall'altezza s (con componente verticale iniziale della velocità uguale a zero) il tempo che ci vuole è

$$t_1 = \sqrt{(2\ s/g)}$$

(lo si deduce dalla formula già vista: $s = g\ t^2/2$. Nota, inoltre, che il grafico di Figura 5.4 cambiando scale rappresenta anche la traiettoria del getto liquido di cui parliamo), e in questo tempo alla velocità di uscita V lo spazio percorso è la distanza orizzontale D che abbiamo misurato. Se, dunque, il liquido (sì, l'orina) ha percorso uno spazio D in un tempo t_1, la sua velocità iniziale era

$$V = D/t_1 = D/\sqrt{(2\ s/g)}$$

In questo tempo molto breve, infatti, la velocità orizzontale non è cambiata perché la resistenza dell'aria l'ha frenata in misura minima. Con la formula precedente calcolo allora il tempo t_1 in funzione di s, che avevo misurato in 1,1 metri. Quindi:

$$t_1 = \sqrt{(2{,}2/9{,}81)} = \sqrt{0{,}224} = 0{,}473\ s$$

Nel mio caso era D = 1 metro e la velocità iniziale del getto (che resta circa costante) era:

$$V = D/t_1 = 1/0{,}473 = 2{,}11\ m/s = 2110\ mm/s$$

A parte avevo eseguito una misura di portata Q. Quanta orina fuoriesce in un secondo? Facile: riempiamo un recipiente di capacità nota C in T secondi. La portata è definita come

$$Q = C/T$$

ed era di 0,6 litri/minuto, cioè di

$$600.000 \text{ mm}^3/60 \text{ secondi} = 10.000 \text{ mm}^3/\text{s}$$

La sezione S del meato è data dal rapporto fra portata e velocità:

$$S = Q/V \qquad (\text{mm}^3/\text{s})/(\text{m/s}) = \text{mm}^2$$

Nel mio caso era:

$$S = (10.000 \text{ mm}^3/\text{s})/(2110 \text{ mm/s}) = 4{,}74 \text{ mm}^2$$

Il professore prese nota delle formule e dei calcoli che avevo fatto. Mi disse:

«Grazie. Mi potranno servire.»

Qualche giorno dopo mi operò con la sua ben nota perizia e mi rimise perfettamente a posto. Dopo la convalescenza, mi chiese se andava tutto bene. Risposi:

«Certo. Ora D è uguale a 1,4 metri e la portata è salita a 2,7 litri/minuto. Dunque la sezione è di oltre 15 mm^2. L'abbiamo triplicata.»

Poi gli spiegai che si poteva valutare approssimativamente anche la pressione all'interno della vescica. Ecco come. Chiediamoci:

«A che velocità esce l'acqua da un buco praticato in un recipiente a una distanza verticale H dalla superficie libera superiore del recipiente?».

Abbiamo visto sopra che la pressione in corrispondenza del buco è ρ g H. Se il buco ha una sezione S, sull'acqua uscente agisce una forza uguale alla pressione moltiplicata per la superficie S, cioè

$$F = \rho\, g\, H\, S$$

L'energia E trasmessa all'acqua è uguale al prodotto di questa forza per lo spostamento L, dove L è la lunghezza del cilindro di acqua di sezione S che esce dal buco in un secondo.

$$E = F\, L = \rho\, g\, H\, S\, L$$

Questa energia fornita dalla pressione deve essere la stessa presente come energia cinetica nell'acqua, che esce con una certa velocità V, cioè $m\, V^2/2$, dove la massa m è quella del cilindro di sezione S e lunghezza L:

$$m = \rho\, S\, L$$
$$E = \rho\, S\, L\, V^2/2 = \rho\, g\, H\, S\, L \text{ ; da cui:}$$
$$V^2/2 = g\, H \text{ ; cioè:}$$
$$V = (2\, g\, H)$$

Quest'ultima formula esprime la circostanza che l'acqua fuoriuscente dal foro sito H metri sotto il pelo libero dell'acqua ha una velocità orizzontale il cui valore è lo stesso che avrebbe la velocità (verticale) raggiunta dall'acqua dopo essere caduta liberamente di H metri. Per convincertene, basta che controlli che l'ultima formula scritta è identica a un'altra formula discussa in dettaglio nel Capitolo 5.

Ma ricordiamo che nel Capitolo 5 abbiamo visto che una pressione è una forza divisa per una superficie e che ha le dimensioni fisiche:

$$[p] = [MLT^{-2}\, L^{-2}] = [M\, L^{-1}\, T^{-2}]$$

L'esperienza insegna che i fluidi in generale e i liquidi in particolare trasmettono le pressioni che ci vengono applicate ugualmente in tutte le direzioni. Qui parliamo di fenomeni lenti (che sono i più semplici) e, perciò, non ci poniamo il problema complesso di come si trasmettano le pressioni per mezzo di onde.

Esempio: se abbiamo un cilindro cavo (di diametro D e con l'asse verticale) quasi pieno d'acqua e ci inseriamo sopra uno stantuffo che ha un peso P (in newton), la pressione dell'acqua cresce della quantità:

$$p1 = P/(\pi D^2/4)$$

Questa è la pressione che possiamo misurare (o calcolare) sulla superficie superiore dell'acqua che, prima dell'applicazione del peso P, stava alla pressione atmosferica. Se il cilindro ha altezza H, sul fondo del cilindro la pressione è maggiore di p1 perché al peso P bisogna aggiungere il peso PA dell'acqua che ha densità $\rho = 1000\ kg/m^3$. La forza totale (in newton) è:

$$PT = P + PA = P + \rho\, g\, H \cdot \pi D^2/4$$

e la pressione totale è:

$$pT = PT/(\pi D^2/4) = P/(\pi D^2/4) + \rho\, g\, H$$

Se D = 1 m, H = 5 m e P = 100 kg = 981 N, allora

$$\pi D^2/4 = 3{,}1415/4 = 0{,}785\ m^2$$
$$\rho\, g\, H = 1000 \cdot 9{,}81 \cdot 5 = 49.050\ N/m^2$$
$$p1 = 981/0{,}785 = 1250\ N/m^2$$
$$pT = 1250\ N/m^2 + 49.050\ N/m^2 = 50.300\ N/m^2$$

Si vede bene che la pressione di un liquido (in assenza di forze applicate sulla superficie superiore in contatto con l'atmosfera) dipende solo dalla profondità H. Per una profondità di 1 m e per l'acqua, la pressione è

$$1\ m \cdot 9{,}81\ m\ s^{-2} \cdot 1000\ kg/m^3 = 9810\ N/m^2 =$$
$$= 0{,}981\ N/cm^2$$

Per una profondità di 5 m la pressione è $4{,}905\ N/cm^2$ che è quella calcolata nell'esempio fatto. Per una profondità di

10 m la pressione è 9,81 N/cm^2, cioè 1 kg/cm^2 che è circa la stessa della pressione atmosferica. Abbiamo già discusso e calcolato il valore della pressione atmosferica al livello del mare. È poi, esperienza ben nota a chi fa pesca subacquea, che per ogni 10 metri di profondità la pressione cresce di un'atmosfera. Questo fatto che la pressione cresca di 1 kg/cm^2 (9,81 N/cm^2) per ogni 10 metri che si scende sott'acqua dipende dal modo in cui è stato definito il sistema metrico decimale (e ora il Sistema Internazionale).

E torniamo al calcolo della pressione nella vescica urinaria. Se D è 1,4 metri, allora la velocità iniziale del getto (che resta circa costante) è

$$V = D/t_1 = 1{,}4/0{,}473 = 2{,}95 \text{ m/s}$$

e da questo valore calcoliamo l'altezza equivalente H dell'acqua che causerebbe quella velocità. Dalla formula riportata più sopra ($V^2/2 = g\,H$) deduco:

$$H = V^2/2g = (2{,}95)^2/2g = 0{,}47 \text{ m}$$

La pressione, quindi, è circa 1/20 di atmosfera, cioè 1/20 di 98.100 N/m^2, cioè 4905 N/m^2.

Quella calcolata, però, è la pressione all'uscita. In effetti il liquido incontra resistenza nel passaggio attraverso prostata e uretra e così perde pressione. La pressione all'interno della vescica sarà più alta. Non è facile da calcolare e non approfondiamo ulteriormente l'argomento.

Le tre forme di energia dei fluidi

Nel capitolo precedente avevamo visto che l'energia meccanica si può immagazzinare come energia potenziale e si può trasformare, poi, in energia cinetica. Questa, a sua volta, si può trasformare di nuovo in energia potenziale. È quello che facciamo quando andiamo in bicicletta giù per una forte discesa che sia seguita da una salita. Aumentiamo la nostra velocità per quanto possibile in modo che possiamo fare senza sforzo almeno la prima parte della salita seguente. Quando tutta l'energia cinetica si è trasformata in potenziale, dobbiamo pedalare per continuare a salire.

Con i fluidi (e con l'acqua in particolare) succede la stessa cosa, ma abbiamo in più l'energia immagazzinata come pressione, che abbiamo discusso nel paragrafo precedente.

L'energia totale di un fluido che scorra in un tubo di sezione costante S si può scrivere, perciò, riferendoci a un tratto di tubo di lunghezza L:

$$E = \rho g S L h + p S L + \rho S L V^2/2$$

Se non ci fossero attriti e non venisse trasmessa energia dal fluido ad altri corpi, l'energia del fluido sarebbe costante. È questa una delle situazioni in cui vediamo che l'energia si conserva: si può trasformare da una forma a un'altra, ma non si crea, né si distrugge.

In realtà gli attriti ci sono e un fluido che passa per un tubo (come abbiamo detto nelle pagine precedenti) perde energia che viene trasformata in calore. Il calore è poco ed è difficile da misurare, ma la pressione del fluido diminuisce tanto più rapidamente quanto più piccolo è il diametro del tubo. Lo si vede bene quando realizziamo un impianto idraulico. Se vogliamo portare l'acqua a grande distanza, dobbiamo usare tubi di sezione più grande. Altrimenti quando i rubinetti sono chiusi la pressione è alta. Appena apriamo un rubinetto il getto sembra soddisfacente ma, quando l'acqua si mette in moto, si perde pressione e resta solo un filo d'acqua.

L'attrito dei fluidi è notoriamente molto minore di quello dei solidi. È per questo che si usano i lubrificanti: le pellicole di olio fra superfici solide diminuiscono molto l'attrito. Anche qui l'esperienza diretta è nota: spingere un oggetto pesante senza ruote è faticoso (i nostri antenati preistorici cominciarono a metterci sotto dei rulli e poi inventarono le ruote). È meno faticoso spingere un veicolo con ruote. È ancora meno faticoso spingere un barcone che galleggia. Però l'acqua in un tubo incontra un attrito (una resistenza che si oppone al moto) che cresce proporzionalmente alla lunghezza del tubo. Ricordiamocene: ci servirà per stabilire un'analogia con i flussi delle correnti elettriche e le resistenze che incontrano.

Qui basta spiegare qualitativamente il fenomeno. Per fare i calcoli giusti si usano manuali appositi che danno la perdita di pressione per ogni diametro, materiale e condizioni del tubo e per ogni portata.

Adesso, invece, vediamo come si calcolano la potenza e l'energia ottenibili da un serbatoio (un lago) situato a una certa altezza rispetto al punto in cui si può installare una centrale idroelettrica.

Supponiamo di avere un serbatoio d'acqua (un lago artificiale, per esempio) a 500 metri di quota sopra una pianura dove vogliamo installare una centrale idroelettrica. Ogni metro cubo d'acqua pesa 1000 kg (9810 newton) e scendendo di 500 m produce 4.905.000 joule.

Abbiamo visto nel capitolo precedente che 1 kWh corrisponde a 3.600.000 J. Dunque un metro cubo che scende di 500 m produce:

$$4.905.000 \text{ joule}/(3.600.000 \text{ joule/kWh}) = 1{,}36 \text{ kWh}$$

In effetti ne può produrre di meno perché, come sempre, una parte dell'energia va persa in attriti. Se trasformiamo l'energia meccanica ottenuta in energia elettrica (usando una turbina e un alternatore), un'altra porzione dell'energia originaria va persa nella turbina (per attriti) e nell'alternatore (per perdite elettriche, dovute a riscaldamento, come vedremo più avanti).

Guarda ora come la stessa cosa si può calcolare in modi diversi.

La pressione ai piedi della montagna è di 50 volte 1 kg/cm^2 (perché l'altezza è 500 m e ogni 10 m c'è un'atmosfera in più), cioè di 50 kg/cm^2 (equivalenti a 500.000 kg/m^2, cioè a 4.905.000 N/m^2).

Questa pressione si può trasformare nella velocità cinetica di un getto d'acqua alla velocità V che, come abbiamo visto, è la stessa velocità che l'acqua avrebbe acquisito cadendo liberamente per 500 m, cioè

$$V = \sqrt{(2gH)} = \sqrt{(2 \cdot 9{,}81 \cdot 500)} = \sqrt{9.810} = 99 \text{ m/s}$$

L'energia cinetica di 1 kg d'acqua a questa velocità è

$$E = \frac{1}{2}\, m\, V^2 = 9810/2 = 4905 \text{ J}$$

L'energia cinetica di 1000 kg d'acqua (cioè di 1 metro cubo) è mille volte maggiore, cioè 4.905.000 joule che è la stessa già calcolata poco sopra. Questo potente schizzo d'acqua (a 360 km/h) va a sbattere sulla ruota di una turbina e la fa girare. L'asse della turbina è solidale all'asse di un alternatore che produce energia elettrica: tanta di più, quanto maggiore è la portata dei tubi.

8. IL SECONDO PRINCIPIO DELLA TERMODINAMICA

1832: anno funesto

Anno funesto per la scienza – in Francia e nel mondo – il 1832. Morirono due giovani scienziati che avevano fatto scoperte epocali. Se fossero vissuti ancora qualche anno, probabilmente avrebbero trovato altre cose nuove e, oggi, il mondo sarebbe diverso e migliore.

Il 31 maggio 1832, in un duello motivato da una futile lite per una ragazza, moriva a 21 anni Evariste Galois, matematico. Lasciò solo 60 pagine scritte, nelle quali aveva fondato l'algebra astratta. Alcuni dei teoremi di cui non ebbe il tempo di svolgere la dimostrazione, non sono stati ancora dimostrati. Si tratta di teorie complicate, tanto che non le ho nemmeno citate in *Anche tu matematico.*

Il 26 agosto 1832 morì di colera, a 36 anni, Sadi Carnot, l'ingegnere militare francese che scoprì il secondo principio della termodinamica. È una teoria che ha lasciato il segno su tutta la fisica. Carnot scrisse un solo libro, immortale. Era intitolato: *Considérations sur la puissance motrice du feu et sur les machines pour la produire* (Considerazioni sulla potenza motrice del fuoco e sulle macchine che la producono).

In questo capitolo parlo di quello che ha capito Carnot e poi descrivo che cosa sia l'entropia, una grandezza importante di cui spesso si scrive in modo confuso.

Perché si chiamano «princìpi»

In italiano si chiamano «princìpi» della termodinamica. In inglese normalmente si chiamano «leggi» (*laws*) della termodinamica. Non fa molta differenza il termine che si usa. Si tratta in ogni caso di teorie dedotte da osservazioni e da esperimenti: non sono dimostrabili, ma spiegano molto bene i fatti osservati.

Alcuni filosofi della scienza arguiscono che le cosiddette leggi fisiche sono paradigmi o addirittura scelte linguistiche (modi di esprimersi) degli scienziati. Certi scienziati sostengono, invece, che i filosofi della scienza sono irrilevanti. Secondo loro, questi filosofi farebbero molto poco per la scienza, come gli ornitologi, in genere, fanno poco per gli uccelli.

Lasciamo, dunque, le questioni di parole e definizioni.

Il secondo principio della termodinamica

Il secondo principio della termodinamica asserisce che non è possibile:

- trasmettere il calore da un corpo più freddo (cioè a temperatura più bassa) a un corpo a temperatura più alta, lasciando immutato tutto il resto;
- invertire l'attrito, cioè recuperare integralmente il calore sviluppato dagli attriti e trasformarlo di nuovo in lavoro meccanico;
- produrre lavoro meccanico sfruttando calore disponibile a una sola temperatura (si produce lavoro solo sfruttando un salto fra due temperature diverse). Se gradatamente in una regione dell'universo i corpi più caldi scaldassero quelli più freddi e si equilibrassero tutte le temperature a un valore unico, non sarebbe più possibile produrre energia di origine termica. Questa situazione è stata chiamata «morte termica».

Sadi Carnot dava per scontato che sia impossibile realizzare una macchina che produca lavoro meccanico (energia) dal nulla, cioè non credeva (giustamente) al «moto perpetuo».

Poi ragionò più o meno così. Una macchina puramente meccanica mossa, per esempio, dalla forza di un uomo, dissipa un'energia minima se funziona vicino all'equilibrio. Se spingi una delle sue ruote a girare in uno dei due sensi, ruota lentamente. Se spingi in senso opposto, torna indietro. Si riproduce la condizione iniziale: niente cambia e non si è dissipata quasi energia. Le due trasformazioni (ruota in avanti – ruota indietro) sono reversibili: da ciascuna passi facilmente all'altra. La macchina, però, è davvero reversibile se è priva di attriti, perché allora non c'è nessuna perdita e non si sviluppa calore. È una macchina ideale, non reale.

Ma Carnot studiava le macchine termiche nelle quali il calore del fuoco si trasformava in potenza motrice. Allora pensò che anche nelle macchine termiche (le macchine a vapore primordiali dei suoi tempi) le trasformazioni reversibili dovevano essere quelle a cui corrispondono dissipazioni di quantità minime di energia, cioè rendimenti più alti.

E come si può trasmettere calore in modo reversibile? Rendendo minima la differenza di temperatura fra il corpo che trasmette calore e il corpo che lo riceve. Infatti, se questa differenza è piccolissima, basta alzare appena appena la temperatura del corpo che riceve calore perché la trasmissione avvenga in senso opposto. La situazione è del tutto analoga a quella della ruota che gira in un senso e, invertendo la leggerissima spinta, gira in senso opposto.

Così Carnot immaginò un gas perfetto (come quelli di cui parlavo nel Capitolo 7, per i quali la pressione p, il volume v e la temperatura T sono legati dalla relazione $p\ v = n\ R\ T$) che ricevesse calore a una temperatura costante T_1 da una sorgente di calore che si trovasse a una temperatura appena appena più alta di T_1. A tutti gli effetti, questa trasmissione di calore avviene alla temperatura T_1. Possiamo rappresentarla su un diagramma cartesiano che abbia i volumi del gas in ascisse e le pressioni in ordinate. L'equazione della curva (che esprime la legge generale dei gas perfetti, già vista nella Digressione del Capitolo 7) è:

$$p\,v = n\,R\,T_1, \quad \text{che è costante, dato che } T_1 \text{ è costante.}$$

La curva, perciò, è un'iperbole e la trasformazione del gas è rappresentata dal tratto che va dai valori iniziali p_A, v_A (rappresentati dal punto A nella Figura 8.1) ai valori p_B v_B (rappresentati dal punto B). Chiamiamo Q_1 la quantità di calore assorbita dal gas. Il lavoro meccanico compiuto dal gas è uguale alla somma dei prodotti dei successivi valori di pressione per le variazioni di volume.

Vedremo fra qualche pagina che il gas deve cedere calore a una temperatura T_2 più bassa di T_1. Qui riporto ragionamenti e formule: chi non fosse interessato, può saltare direttamente questa parte, ma sarebbe un peccato!

In formule il lavoro (lo indico con W: iniziale del termine inglese *work*) è dato dall'integrale che segue (come e perché un integrale misuri l'area di un diagramma, l'ho raccontato nel mio *Anche tu matematico*).

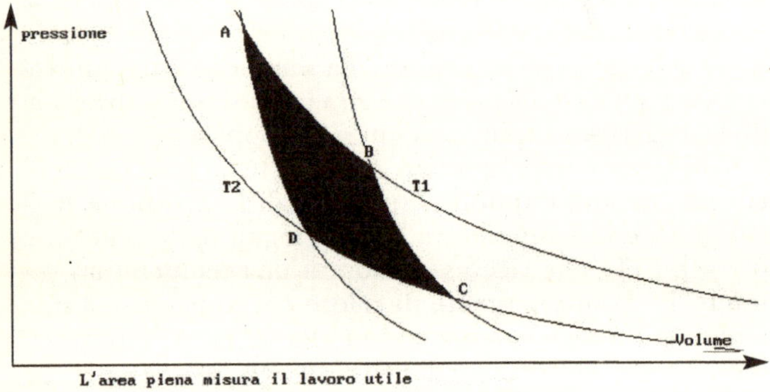

Figura 8.1 Diagramma pressione-volume del ciclo di Carnot

$$W_1 = \int_A^B p \, dv$$

La trasformazione del gas da A a B avviene a temperatura costante: dunque non ne varia l'energia interna e (per il primo principio della termodinamica espresso dall'equazione nella seconda sezione del Capitolo 6) deve essere:

$W_1 = Q_1$ (dove il calore Q_1 viene dato al gas e non sottratto).

Inseriamo nell'integrale, al posto di p, il suo valore dato dalla prima equazione della legge dei gas perfetti:

$p = n\,R\,T_1/v$ e si ottiene allora (accettando per fede che l'integrale di dv/v è uguale al logaritmo naturale di v):

$$Q_1 = n\,R\,T_1 \ln (v_B/v_A)$$

Arrivati alla situazione rappresentata dal punto B, facciamo espandere ancora il gas, ma senza trasmettergli calore e senza sottrarglielo. Le trasformazioni in cui non c'è trasmissione di calore si chiamano «adiabatiche». Più importante della parola usata è il fatto che pressione p e volume v in una trasformazione adiabatica sono legati dalla relazione

$$p\,v^{\gamma} = \text{costante.}$$

Dove γ è una costante maggiore di 1 (diciamo che valga circa 1,4). Questa ulteriore espansione porta il gas ad assumere il volume v_C e la pressione p_C, situazione rappresentata dal punto C. Quando un gas si espande e, intanto, non viene scaldato, notoriamente si raffredda (è quel che succede quando soffiamo sulla minestra per raffreddarla). La temperatura del gas perfetto, passando da B a C, scenderà al valore T_2.

Nel passaggio da B a C vale l'ultima equazione scritta, per cui:

$$p_B v_B^\gamma = p_C v_C^\gamma$$

Questa equazione si può scrivere così:

$$(p_B v_B)\, v_B^{\gamma-1} = (p_C v_C)\, v_C^{\gamma-1}$$

Sostituiamo ai prodotti (p v) i valori dati dall'equazione che esprime la legge dei gas perfetti e otteniamo:

$$n R T_1 \cdot v_B^{\gamma-1} = n R T_2 \cdot v_C^{\gamma-1} \text{ da cui: } \quad T_1 \cdot v_B^{\gamma-1} = T_2 \cdot v_C^{\gamma-1}$$

Ora mettiamo in contatto il gas con un altro corpo che si trovi a una temperatura appena inferiore a T_2. Il gas cede una quantità di calore Q_2 e diminuisce il suo volume, mentre la sua pressione sale. Questa trasformazione avviene a temperatura costante T_2 (è una isoterma come quella da A a B) e nel diagramma di Figura 8.1 è rappresentata dal tratto di iperbole CD. Ora dobbiamo fornire un lavoro W_2 per comprimere il gas, al quale sottraiamo il calore Q_2. Le cose vanno in modo del tutto simile (ma invertito) rispetto a quelle già descritte nel passaggio da A a B.

Il lavoro W_2 è misurato dall'area compresa fra il tratto di iperbole CD, le due rette verticali congiungenti i punti C e D all'asse delle ascisse e il tratto dell'asse delle ascisse compreso fra queste due intersezioni.

In formule il lavoro è dato dall'integrale:

$$W_2 = \int_C^D p \, dv$$

La trasformazione del gas da C a D avviene a temperatura costante: dunque non varia l'energia interna del gas e (per il primo principio della termodinamica espresso dall'equazione già ricordata) deve essere:

$$W_2 = Q_2$$

Inseriamo nell'integrale, al posto di p, il suo valore espresso in funzione della temperatura assoluta e del volume:

$p = n\,R\,T_2/v$ e si ottiene, allora:

$Q_2 = n\,R\,T_2 \ln (v_C/v_D)$ del tutto simile all'equazione $Q_1 = n\,R\,T_1 \ln (v_B/v_A)$

e, dividendo quest'ultima per la precedente:

$$Q_1/Q_2 = T_1 \ln (v_B/v_A) / T_2 \ln (v_C/v_D)$$

Arrivati alla situazione rappresentata dal punto D, comprimiamo di nuovo il gas, ma senza trasmettergli calore e senza sottrarglielo. Sul diagramma torniamo dal punto D al punto iniziale A e, ripetendo considerazioni del tutto simili a quelle già fatte, otteniamo per il passaggio da D ad A la relazione

$$T_1 \cdot v_A^{\gamma-1} = T_2 \cdot v_D^{\gamma-1}$$

e se dividiamo per questa, membro a membro, l'equazione già vista

$T_1 \cdot v_B^{\gamma-1} = T_2 \cdot v_C^{\gamma-1}$ otteniamo:

$$v_B/v_A = v_C/v_D$$

E, infine, l'equazione che dà Q_1/Q_2 diventa semplicemente:

$$Q_1/Q_2 = T_1/T_2$$

ed esprime il fatto che il rapporto fra il calore dato al gas alla temperatura T_1 e il calore sottrattogli alla temperatura T_2 è uguale al rapporto fra la temperatura T_1 e la temperatura T_2. E se ne deduce l'ovvia relazione:

$$Q_2/Q_1 = T_2/T_1$$

E vediamo, ora, finalmente a che cosa ci servono tutti questi ragionamenti e questi passaggi.

Il lavoro utile prodotto dalla macchina che segue il ciclo descritto è uguale alla somma algebrica dei lavori nei 4 tratti di cui è composto il ciclo rappresentato nella Figura 8.1. Dunque il lavoro netto è misurato dall'area racchiusa dal diagramma del ciclo stesso e, in formule, è dato da:

$$W = Q_1 - Q_2$$

Il rendimento η, per definizione, è uguale al lavoro utile $(Q_1 - Q_2)$ diviso per la quantità di calore Q_1 fornita dalla fonte di calore a temperatura T_1:

$$\eta = (Q_1 - Q_2)/Q_1 = 1 - (Q_2/Q_1)$$

Ma abbiamo appena dimostrato che per una macchina reversibile è

$$Q_2/Q_1 = T_2/T_1$$

dunque:

$$\eta = 1 - (T_2/T_1) = \eta_{max}$$

Questa formula è fondamentale. Esprime il rendimento massimo ottenibile dalla migliore macchina termica immaginabile: una macchina reversibile, che in natura non esiste. Un rendimento più alto di questo non si può ottenere nemmeno ricorrendo agli accorgimenti costruttivi più astuti, neanche impiegando gas curiosi, invece del vapore acqueo che è il più normale. Nella formula le temperature T sono temperature assolute: i gradi sono come quelli della scala centigrada (o Celsius) ma partono da 273 °C sotto lo zero centigrado.

Facciamo qualche esempio. La temperatura bassa T_2 sarà normalmente quella dell'acqua di raffreddamento del condensatore di una macchina a vapore. Converrebbe che fosse molto bassa ma, nei climi temperati (nei quali si svolge la maggioranza delle attività umane) per una macchina che funziona estate e inverno potremo contare su acqua di raffreddamento che stia a circa 17 °C, i quali corrispondono a 290 °K (gradi assoluti). Vediamo nella tabella seguente i rendimenti ottenibili con temperature alte fino a quelle delle fiamme di idrogeno e ossigeno (2000 °C).

Temperatura alta (gradi assoluti)	*Rendimento massimo teorico*
750 °K	60%
1250 °K	76%
1750 °K	83%
2250 °K	87%

Rendimenti con temperatura bassa T_2 di 17 °C

Fino a pochi anni fa i rendimenti massimi nella trasformazione di energia termica in meccanica superavano di poco il 40%. Oggi si arriva quasi al 60% in centrali termoelettriche a cicli combinati, nelle quali i gas di scarico di turbine a gas si sfruttano per riscaldare alla temperatura di circa 500 °C il vapore che si espande in turbine a vapore. Sia le turbine a gas, sia quelle a vapore trasformano calore in energia meccanica.

Entropia

L'equazione vista poco sopra ($Q_2/Q_1 = T_2/T_1$) si trasforma facilmente in:

$$Q_1/T_1 = Q_2/T_2$$

Questa è un'equazione fondamentale. L'abbiamo dedotta da quello che succede quando una macchina termica (che trasforma calore in lavoro meccanico) è reversibile, cioè senza attriti e senza perdite. E questa è proprio la condizione vitale: quando non cambia il rapporto Q/T fra calore trasmesso e temperatura assoluta a cui viene trasmesso, allora le condizioni sono ideali e il rendimento è massimo.

Se accade, invece, che il rapporto Q/T misurato alla temperatura T_2 è maggiore di quello misurato alla temperatura T_1, cioè:

$$Q_2/T_2 > Q_1/T_1 \quad \text{questo vuol dire che}$$

$$Q_2/Q_1 > T_2/T_1$$

allora:

$$\eta = 1 - (Q_2/Q_1) < (1 - (T_2/T_1)) = \eta_{max}$$

cioè il rendimento della macchina che stiamo considerando, che è per definizione $\eta = 1 - (Q_2/Q_1)$, è minore del rendimento massimo teorico $(1 - (T_2/T_1))$.

A questo rapporto S = Q/T Rudolf Clausius diede il nome di entropia (che in greco vuol dire trasformazione). La conclusione è che in un sistema chiuso, cioè che non ha rapporti con l'esterno, l'energia è costante, mentre l'entropia cresce sempre, dato che i fenomeni di cui ci occupiamo sono irreversibili, avvengono nel mondo reale e comportano perdite che diminuiscono i rendimenti.

Qui c'è qualche cosa di nettamente nuovo nel modo in cui capiamo il mondo. L'equazione fondamentale della meccanica di Newton (F = m a) è invertibile. Che cosa vuol dire? Significa che, se inverto il verso di una forza applicata a un corpo materiale, cambia la direzione dell'accelerazione, cioè la velocità del corpo subisce una variazione inversa rispetto a quella calcolata prima.

Quando ci occupiamo di termodinamica: NO. Non possiamo invertire il segno di una variabile e invertire la direzione in cui si svolge un fenomeno. Infatti l'energia resta costante, ma l'entropia cresce sempre, e non si può tornare indietro. Tutto il processo è unidirezionale: punta in una direzione, proprio come la freccia del tempo che nessuno è mai riuscito a invertire.

Attento! Qui parto con una diversa definizione dell'entropia: rassegnati, il resto del capitolo non è facile. Anzi è tanto difficile che non ti devi impressionare se non lo capisci. Prova a dargli ugualmente un'occhiata perché serve a sfiorare almeno certe idee che sono rilevanti anche per l'informatica. Perciò la cosa ti riguarda da vicino, se i tuoi interessi non sono diretti verso le turbine a vapore, ma verso il software. Nell'ultimo paragrafo di questo capitolo racconto che cosa si intenda per entropia quando si parla di informazione e di comunicazione.

Dunque: nel 1880 Ludwig Boltzmann provò ad analizzare il calore come se fosse un fenomeno statistico. Così formulò di nuovo il concetto di entropia basandosi sulla considerazione di tutti i possibili stati microscopici delle particelle in un sistema termodinamico. Boltzmann definì l'entropia come:

$$S = k \log W$$

dove $k = 1{,}38 \ 10^{-23}$ J/°K è la costante di Boltzmann (cioè il rapporto fra la costante dei gas R, che vale 8,314 J/°K, e il numero di Avogadro, che è il numero di molecole contenute in una mole di un qualunque elemento e vale $6{,}023 \ 10^{23}$). Nella formula di Boltzmann, W è il numero di possibili micro-stati che corrispondono a un certo macro-stato ovvero è la probabilità che quel macro-stato si verifichi. Da queste affermazioni (rozze e imprecise) si deduce almeno che entropia e probabilità di un certo stato termodinamico variano nello stesso senso. L'entropia cresce, se cresce la probabilità. Per un sistema chiuso è inevitabile (cioè estremamente – quasi infinitamente! – probabile) che l'entropia cresca, mentre l'energia resta costante. L'entropia è massima se tutti i micro-stati hanno la stessa probabilità. Questo stesso concetto si può esprimere dicendo (sempre rozzamente) che entropia è sinonimo di disordine.

Qui comincio a parlare per analogie, senza formule e senza nessuna pretesa di rigore. Prego, allora, i fisici veri o, in genere, chi ne sa già abbastanza, di saltare la parte finale di questa sezione e di riprendere da quella seguente.

Si può sostenere che la tendenza al disordine sia una delle manifestazioni del secondo principio della termodinamica. Come dicevo all'inizio del capitolo, questo principio afferma che le perdite (per esempio, in attriti) non si recuperano più. Non si trasmette calore da un corpo freddo a uno caldo (tranne il caso delle pompe di calore che vedremo nel paragrafo seguente) e, quando si trasmette da un corpo caldo a uno freddo, si può produrre lavoro meccanico ma, comunque, si finisce in una situazione in cui una certa quantità di materia si è raffreddata e un'altra certa quantità di materia si è scaldata. La situazione finale, cioè, è più disordinata di quella iniziale. Caldo e freddo si sono mischiati e hanno prodotto temperature intermedie. L'entropia è cresciuta.

L'entropia diminuirebbe, invece, se le molecole di un gas alla temperatura di 27 °C (300 °K) si separassero da sole entro un recipiente, concentrando a destra la metà delle molecole (quelle più veloci) che avrebbero una temperatura di 500 °K e a sinistra l'altra metà (quelle più lente) che avrebbero una temperatura di 100 °K. A questo punto si potrebbe sfruttare il salto termico prodotto per caso e il rendimento massimo teorico ottenibile sarebbe:

$$\eta_{max} = 1 - (T_2/T_1) = 1 - 100/500 = 80\%$$

Se cose come queste accadessero davvero, potremmo avere energia gratis. Non è così: l'energia gratis non si produce. Però il fisico britannico James C. Maxwell oltre cento anni fa inventò una situazione in cui il secondo principio viene violato. Descrisse un recipiente pieno di un certo gas. Le molecole del gas sono in disordine: alcune sono veloci e altre più lente. Allora dividiamo in due il recipiente con una parete e vi pratichiamo un buco che si può chiudere o aprire per mezzo di una saracinesca. Questa viene comandata da un diavoletto, il quale guarda le molecole che viaggiano e apre la saracinesca alle molecole veloci che vanno verso destra e a quelle lente che vanno verso sinistra. La chiude invece a quelle lente che vanno verso destra e a quelle veloci che vanno verso sinistra. A mano a mano che passa il tempo, tutte le molecole veloci staranno a destra e quella metà di gas sarà a temperatura alta. Tutte le molecole lente staranno a sinistra e quella metà di gas sarà a temperatura bassa. Il secondo principio è contraddetto.

La soluzione di questo paradosso fu trovata solo negli anni Trenta dal fisico Leo Szilard: per distinguere le molecole veloci da quelle lente, il diavoletto le deve vedere. A questo scopo deve bombardarle con fotoni, se no sta al buio e non le distingue. Questa attività di monitoraggio e quella di aprire e chiudere la saracinesca assorbono energia e fanno crescere l'entropia almeno di quanto diminuisce a causa della separazione delle molecole lente da quelle veloci. Infatti anche il diavoletto fa parte del sistema.

Non c'è paradosso, dunque, e, incidentalmente, i diavoletti non esistono.

Le pompe di calore e i frigoriferi

Ho ripetuto più volte che il calore non può essere trasmesso da un corpo freddo a un corpo più caldo – lasciando immutato tutto il resto.

Per spiegare meglio che cosa significhi questa affermazione, possiamo fare l'esempio dei frigoriferi e delle pompe di calore. Queste sono purtroppo poco diffuse in Italia e invece sarebbe molto vantaggioso se fossero usate su scala maggiore.

Cominciamo a descrivere come funziona il frigo che hai in casa. Saprai che nel frigo c'è un compressore: questo comprime un certo gas che, quindi, si riscalda. Si tratta di una trasformazione da una temperatura T_2 a una temperatura più alta T_1, come quella che nel diagramma della Figura 8.1 va dal punto D al punto A. Ora che il gas è a temperatura alta, passa per un radiatore (va' a guardare: sta sul retro del frigo) e in questo modo cede calore all'ambiente e si raffredda, ma nel caso ideale del ciclo di Carnot (reversibile) cede calore sempre alla temperatura T_1, come nella trasformazione da A a B nella figura. A questo punto viene fatto espandere e la sua temperatura scende di molto: va sotto zero. Ora a bassa temperatura assorbe calore dall'aria e dalle cose che stanno all'interno del frigo e le raffredda (la trasformazione è del tipo di quella che va da C a D in figura). A questo punto il gas va di nuovo al compressore che lo comprime e lo riscalda. In questo modo si riesce a far passare calore dall'interno del frigo, che è a temperatura molto bassa, all'aria della stanza che contiene il frigo e che è a temperatura più alta. Ci si riesce perché il resto non è rimasto immutato. Infatti abbiamo fornito al sistema una certa quantità di energia meccanica per mezzo del motore elettrico che aziona il compressore.

Il processo descritto non ci fa molta impressione perché il frigo è un arnese che conosciamo bene: ce lo aspettiamo che funzioni così. Invece le pompe di calore ci sembrano più paradossali perché scaldano le nostre case sottraendo calore al mondo esterno, cioè al terreno intorno alla casa che magari è soltanto a due gradi sopra zero. Ma anche loro funzionano nello stesso modo: come un frigo invertito. Il gas viene compresso dal compressore quando ha scambiato calore con l'ambiente esterno e da 2 °C va a 55 °C. Poi dà calore a casa tua, che è a circa 19 °C e si raffredda, diciamo, a 35 °C. Allora viene fatto espandere e scende a 10 °C sotto zero. Così viene scaldato dal terreno che è a +2 °C e poi viene di nuovo compresso e torna a 55 °C.

Per ogni kWh di energia fornita al compressore, la pompa di calore ci fornisce circa 2 kWh di calore. Conviene: il rendimento è ben più alto di quello di una stufa elettrica.

E concludiamo con l'uso che si fa del concetto di entropia nella teoria dell'informazione. Pare che l'idea di usare il termine «entropia» sia stata suggerita a Claude Shannon (il padre della teoria dell'informazione) da John von Neumann, il famoso matematico. Von Neumann gli avrebbe detto:

«Usa questo termine, così la tua teoria verrà discussa da tanta gente che non capisce affatto che cosa significhi».

La formula originaria trovata da Shannon era quella che definiva il contenuto informativo H di un messaggio costituito da sequenze di i simboli diversi. Le probabilità empiriche (sperimentali) p_i di trovare in un messaggio ciascuno degli i simboli sono diverse e il contenuto informativo del messaggio è dato da:

$$S = -\Sigma_i \, p_i \cdot \log_2 (p_i)$$

dove il segno – è dovuto al fatto che i logaritmi delle probabilità sono negativi, poiché le probabilità sono minori di 1. (Infatti 1 rappresenta la certezza: è la somma di tutte le probabilità singole, corrisponde al 100%).

Perché nella formula c'è il logaritmo in base 2 di p_i? Perché misura il contenuto informativo della parte del messaggio costituita dal simbolo i che si presenta con la probabilità p_i. Vediamo perché.

La probabilità p_i corrisponde a un certo numero di eventualità. Il modo più semplice per misurare quante siano è determinare quante scelte del tipo SI/NO si debbano fare per individuarne una. Ogni scelta di tipo SI/NO corrisponde a una cifra binaria o bit (che può valere 1 oppure 0). Il $\log_2 (p_i)$ è proprio il numero di bit necessario a individuare una fra le eventualità considerate. Infatti è l'esponente da dare a 2 per ottenere p_i.

Se è $p_i = 0{,}5$ allora $\log_2 (p_i) = -1$ (infatti $2^{-1} = 1/2$)

Se è $p_i = 0{,}125$ allora $\log_2 (p_i) = -3$ (infatti $2^{-3} = 1/8$)

Ora l'espressione di S vista poco sopra somiglia molto a quella di Boltzmann di cui abbiamo già parlato. Da qui l'idea di parlare di entropia di un messaggio. La teoria delle informazioni insegna che un messaggio è tanto più informativo, quanto meno è probabile. Ricordiamo che l'entropia è in certo senso una misura del disordine: se le molecole di un gas o le lettere che compongono un messaggio scritto sono disposte in modo disordinato – in modo casuale – ogni gruppo di esse avrà le stesse caratteristiche. Nel caso di messaggi costruiti con un certo numero di simboli, la situazione più disordinata è quella in cui tutti i simboli hanno la stessa probabilità di presentarsi e, in pratica, li incontriamo con la stessa frequenza. Facciamo l'esempio quantitativo di un alfabeto composto da 10 simboli diversi. Se questi hanno la stessa probabilità, l'ultima formula scritta diventa

$$S = -\Sigma_i\ 0{,}1 \log_2 (0{,}1) = 10 \cdot 0{,}1 \cdot 3{,}321928 = 3{,}321928 \text{ bit}$$

La tabella seguente riporta le entropie (in bit) anche per i casi in cui uno dei simboli abbia probabilità 0,5 e gli altri 9 probabilità 0,055555... oppure uno probabilità 0,91 e gli altri 0,01, oppure uno probabilità 0,991 e gli altri 0,001.

Distribuzione delle probabilità	*Entropia in bit*
10 simboli con p = 0,1	3,321
1 simbolo p = 0,5 e 9 con p = 0,05555	2,584
1 simbolo p = 0,91 e 9 con p = 0,01	0,722
1 simbolo p = 0,991 e 9 con p = 0,001	0,102

La tabella seguente riporta le frequenze con cui incontriamo le 21 lettere dell'alfabeto italiano (omettiamo j, k, w, x e y che sono rare) in un testo italiano qualsiasi. La probabilità di trovare ciascuna lettera è grosso modo uguale alla frequenza data dalla tabella.

Lettera	*Frequenza*
E	0,126
I	0,116
A	0,104
O	0,087
R	0,067
L	0,066
N	0,065
T	0,061
S	0,060
C	0,043
D	0,038
P	0,032
U	0,030
M	0,026
G	0,020
V	0,015
H	0,011
B	0,010
Z	0,009
F	0,007
Q	0,006

Se calcoliamo l'entropia informatica di un testo italiano medio usando i 21 valori di p_i dati dall'ultima tabella (moltiplicandoli per i loro logaritmi e sommando i risultati) otteniamo 3,97 bit. Se ricalcoliamo l'entropia su parecchi testi diversi, troviamo valori che oscillano un po' in su e in giù attorno a questo valore.

Se, invece, le 21 lettere dell'alfabeto si incontrassero tutte con la stessa frequenza, la p_i avrebbe il valore 1/21 = 0,047619 e l'entropia varrebbe:

$$S = 21 \cdot 0{,}047619 \cdot \log_2 (0{,}047619) = 4{,}39 \text{ bit}$$

La digressione dalla fisica all'informatica è stata un po' lunga, ma forse ne valeva la pena. Infatti il termine «entropia» viene usato spesso in modo metaforico da biologi, sociologi, economisti e ambientalisti. Credo che sia meglio usarlo solo quando abbiamo abbastanza dati da poterne calcolare davvero il valore.

«Che cos'è l'elettricità?» chiese il vecchio professore con tono severo.

Il giovane esaminando era turbato:

«Be'... l'elettricità si potrebbe definire come una forma di energia. Però la definizione esatta ora mi sfugge. Mi scusi, professore, mi sono confuso un po'. Ma le assicuro che ho studiato tutto il programma. Guardi, stamattina lo sapevo benissimo che cos'è l'elettricità. Ora l'ho dimenticato, ma se mi concentro un momento, glielo so dire davvero bene».

Il professore fece una risatina acida:

«Spero proprio che le riesca di concentrarsi, così la scienza non sarà privata di questo suo contributo vitale. Vede: stamattina c'era solo lei al mondo a sapere davvero bene che cosa sia l'elettricità e, se non le torna in mente, non ci sarà nessuno al mondo che lo sa. Hehehe!»

La battuta era irritante, come quasi tutte le ironie professorigne, e non era nemmeno del tutto corretta. Sappiamo abbastanza bene che cosa sia l'elettricità e come funzioni: si tratta di flussi o di posizioni assunte da elettroni nel vuoto, nell'aria, entro materiali conduttori, semiconduttori o isolanti.

La battuta, invece, è quasi giusta se la riferiamo alla definizione degli elettroni. Infatti gli elettroni si definiscono in due modi ben diversi.

Una prima definizione asserisce che sono particelle che pesano circa 1800 volte meno di un atomo di idrogeno e che portano una carica negativa uguale a $1{,}6 \cdot 10^{-19}$ coulomb (vedi più oltre la definizione di coulomb). La seconda definizione, invece, asserisce che si tratta di onde.

Questa non è una controversia fra due scuole di pensiero. Ci sono esperimenti ben precisi che dimostrano la verità della prima definizione e altri esperimenti, altrettanto solidi e probanti, che mostrano la verità della seconda.

Un esperimento mirato a decidere la questione consiste nello sparare elettroni attraverso due fessure vicine praticate su una paratia. Se teniamo aperta una sola fessura e registriamo su uno schermo, posto dietro la paratia, in quali punti avvenga l'impatto degli elettroni sparati a caso, succede proprio quello che immagineremmo, riflettendo su come andrebbero le cose se, invece di elettroni, usassimo proiettili molto più grandi. La massima parte degli impatti avviene dietro il centro della fessura e, allontanandosi dal centro, la densità degli impatti decresce. Se chiudiamo la prima fessura e apriamo la seconda, succedono cose simili con la massima parte degli impatti che avviene dietro il centro della seconda fessura mentre, allontanandosene, la densità degli impatti decresce. (Non riproduco qui le figure che illustrano questi esperimenti, perché le potete trovare dappertutto: in ogni manuale di fisica e, in particolare, nella *Fisica di Feynman* citata nel Capitolo 1.)

Se ora apriamo ambedue le fessure, gli impatti complessivi non sono la somma (o composizione) di quelli registrati nei due casi precedenti. In alcuni punti, invece, gli impatti sono di meno o non ce ne sono affatto. La situazione è quella che vedremo meglio nel Capitolo 11 di interferenza fra due onde della stessa lunghezza d'onda. Dunque gli elettroni si comportano come onde in certe situazioni e come particelle in altre.

La distanza fra le due fessure citate deve essere molto piccola perché gli esperimenti citati funzionino: dell'ordine di 0,5 10^{-6} metri (cioè di mezzo micron: mezzo millesimo di millimetro).

Va precisato, inoltre, che anche questi sono *Gedankenexperiment*, cioè esperimenti pensati e non effettuati: le ragioni sono complicate. Basta dire che molti altri esperimenti sono stati fatti, tanto da confermare che anche questi hanno il senso presentato qui.

Se vogliamo sapere poi, attraverso quale delle due fessure è passato ciascuno degli elettroni sparati, dobbiamo usare un microscopio potentissimo che funzioni a raggi X e quando un raggio X colpisce un elettrone permette di determinarne la posizione, ma ne modifica la velocità. Così possiamo sapere attraverso quale buco passa un elettrone, ma non a quale velocità viaggia. Se determiniamo la posizione di un elettrone con un errore massimo d (che ha le dimensioni[L] di una lunghezza), non potremo conoscere la sua velocità con un errore minore di h/md, dove h è la costante di Planck ($6{,}6\ 10^{-34}$ kg · m^2/s) e m è la massa dell'elettrone ($9{,}1\ 10^{-28}$ grammi).

Questo è il principio di indeterminazione di Heisenberg e vale anche per ogni altra particella. Qui le masse in gioco e le distanze d sono molto piccole, per cui le incertezze sono grandi (rispetto alle dimensioni delle particelle). Se applichiamo il principio di indeterminazione a oggetti macroscopici (grandi, che vediamo a occhio nudo e tocchiamo) con masse enormi (rispetto a quelle delle particelle), ogni incertezza scompare. Non ha, dunque, il minimo senso tirare in ballo il principio di indeterminazione per asserire che la fisica moderna dimostra che il mondo intorno a noi è intessuto di incertezza anche in situazioni sociali, politiche o economiche. Chi cita il principio di indeterminazione a proposito di situazioni che non riguardino particelle elementari è un pasticcione, come quelli che furono svergognati da Alan Sokal (vedi Capitolo 3). Anche nelle situazioni macroscopiche e sistemiche ci sono incertezze, ma sono di tutt'altro tipo. Dipendono da due circostanze: non conosciamo i meccanismi che governano quei complessi sistemi e processi, e quando li conosciamo (approssimativamente), ci mancano i dati per eseguire analisi significative.

Circuiti elettrici che contengono resistenze

Nel Capitolo 4 parlavo di forze ferme e in quello seguente di forze che agiscono su corpi in moto modificando il moto stesso. I manuali di fisica seguono in genere lo stesso ordine: parlano prima di statica e poi di dinamica. Fanno qualcosa di simile anche a proposito della elettricità. Cominciano a descrivere che cosa succede con cariche elettriche ferme (magari cominciando dall'ambra, che i greci chiamavano «elektron», la quale strofinata attrae corpi leggeri come capelli o fogliette secche) e poi passano alle cariche in movimento: alle correnti elettriche.

Qui comincio direttamente con le correnti e con le tensioni elettriche, perché in una società avanzata tutti ne hanno esperienza diretta e continua. È raro, invece, che qualcuno disponga di ambra da strofinare. Ci accorgevamo della esistenza dell'elettrostatica quando erano ancora diffuse le camicie di nylon. Togliendocele di dosso al buio, vedevamo scintille e se le avvicinavamo al nostro corpo vedevamo i nostri capelli e i peli delle braccia che si drizzavano. Erano esperienze non molto significative. Sono molto più rilevanti, invece, le esperienze con le correnti elettriche che fanno girare i motori (negli elettrodomestici, nell'auto, nelle fabbriche), che accendono lampade e display, che trasmettono segnali (nelle radio, nei computer, nei lettori di CD, nelle reti telematiche).

Le leggi relative ai circuiti elettrici talora non vengono nemmeno citate in certi libri di fisica (divulgativi o no) scritti da fisici veri. Probabilmente la ragione è che non sono leggi veramente fondamentali che servono a capire la natura in modi profondi. Le leggi fondamentali, per esempio, sono le equazioni di Maxwell che, però, sono un po' difficili. Questo libro (scritto da un ingegnere) è sempliciotto. Descriverò la legge che Ohm scoprì nel 1826, la quale è una forma semplificata delle equazioni di Maxwell formulate dal fisico inglese verso il 1865.

Qualcuno ha suggerito di definire la corrente e la tensione elettrica come «quelle cose che vengono misurate da un amperometro e da un voltmetro». L'idea non è malvagia, anche se la definizione non è molto soddisfacente, perché presuppone che uno sappia bene che cosa siano questi strumenti e come si usino. Se uno lo sa solo vagamente, potrà provare a usare un amperometro come se fosse un voltmetro e lo distruggerebbe alla prima misura che fa.

La tensione elettrica (detta anche potenziale o voltaggio) può essere considerata come un livello, per esempio il livello dell'acqua in un serbatoio. Come abbiamo visto nel Capitolo 7, più alto è il livello in un serbatoio e più forte è il flusso dell'acqua che esce da un buco alla base del serbatoio.

La tensione elettrica si comporta in modo analogo al livello. Più alta è la tensione applicata a un circuito, più intensa è la corrente elettrica che passa nel circuito. I circuiti oppongono resistenza al passaggio della corrente, proprio come i tubi oppongono resistenza al passaggio dell'acqua. Se un certo livello di acqua, cioè – come abbiamo visto – una certa pressione, viene applicata all'imbocco di un tubo di diametro piccolo, passa meno acqua che se il tubo avesse un diametro maggiore. Così in un filo elettrico più sottile, a parità di tensione applicata, passa una corrente elettrica meno intensa che se il filo avesse sezione maggiore.

La tensione elettrica può essere continua, come quella delle pile e della batteria dell'automobile, o può essere alternata, come quella dell'impianto che abbiamo a casa. La tensione alternata varia periodicamente e il diagramma di variazione è sinusoidale. In Europa la tensione compie 50 cicli al secondo, cioè la frequenza è di 50 periodi/secondo (si dice 50 hertz, abbreviato Hz) e passa per il valore zero 100 volte al secondo. In America la frequenza è 60 Hz.

La tensione che hai nell'impianto di casa è di 220 volt, il simbolo dell'unità di misura volt è V. Su tutti i tuoi elettrodomestici c'è scritto 220 V. La corrente si misura in ampere (simbolo A).

I conduttori percorsi da corrente generano campi magnetici e, in conseguenza, producono forze attrattive su altri conduttori percorsi da corrente. Le unità di misura di corrente e tensione citate sopra, sono state scelte in modo che quelle forze attrattive, quando si consuma la corrente di 1 A alla tensione di 1 V, generino la potenza di 1 watt (1 W). È la stessa unità di potenza che abbiamo introdotto nel Capitolo 6.

Come abbiamo già visto, la potenza ha dimensioni fisiche che si esprimono in funzione di lunghezza, massa e tempo: $[P] = [ML^2T^{-3}]$. Come vedremo fra poco, le dimensioni fisiche di tensioni e correnti richiedono di introdurre una sola grandezza fisica aggiuntiva: la carica elettrica [Q].

Le tensioni e le correnti si misurano rispettivamente con i voltmetri e gli amperometri. Per circa 50 euro puoi comprare un solo strumento con cui puoi misurare sia le tensioni sia le correnti.

La tensione applicata a un circuito semplice (cioè che non contiene condensatori, né induttanze, vedi più oltre) sta con la corrente che passa in quel circuito in un rapporto molto semplice: sono proporzionali e il coefficiente di proporzionalità si chiama resistenza. Possiamo scrivere la relazione fra tensione V e corrente I con l'equazione

$$V = R\,I$$

universalmente nota come legge di Ohm. La resistenza che si oppone al passaggio della corrente si misura in ohm e il simbolo usato è Ω. Un ohm è uguale a 1 volt diviso 1 ampere. Le dimensioni fisiche di una resistenza sono ovviamente quelle di una tensione divisa per una corrente

$$[R] = [V/I] \qquad [\Omega] = [\text{volt/ampere}]$$

In effetti, una corrente elettrica consiste nel passaggio di cariche elettriche. Sono le stesse cariche elettriche di cui parlavo prima, quelle che si producono strofinando l'ambra. Sono le stesse cariche elettriche portate dagli elettroni. Sono le stesse cariche elettriche che fluiscono violentemente nei fulmini producendo correnti estremamente intense che attraversano l'aria la quale diventa conduttrice di elettricità. Dunque fra le dimensioni fisiche di base è stata inserita la carica elettrica Q per cui le dimensioni di una corrente sono quelle di una carica diviso un tempo

$$[I] = [Q/T]$$

L'unità di misura della carica elettrica è il coulomb. Possiamo definirlo come circa un miliardo di miliardi di volte maggiore della carica elettrica di un elettrone. In alternativa, se ci siamo abituati a usare l'ampere come misura della corrente, possiamo dire che 1 coulomb è la carica portata da 1 ampere che fluisce in un circuito per 1 secondo.

Ma le dimensioni del prodotto di una corrente per una tensione sono quelle di una potenza (vedi la formula nel Capitolo 6). Dunque:

$$[V\,I] = [ML^2T^{-3}]$$ e da questa e dalla precedente:

$$[V] = [ML^2T^{-2}\,Q^{-1}] \qquad [R] = [ML^2T^{-1}\,Q^{-2}]$$

Tanto per prendere confidenza con i circuiti elettrici, prova a fare le esperienze che suggerisco qui di seguito. Vedrai bene che si tratta di argomenti di elettrotecnica. Un fisico vero magari li disprezzerebbe. Però, come ho già detto varie volte, questo è un libro sempliciotto. L'idea generale è che serva a spiegare come funzionano certi processi e certi oggetti, e perché non spiegare circuiti elettrici semplici? In questo capitolo non imparerai le cose più moderne della fisica, ma almeno alcuni concetti ed esperienze li puoi mettere a posto. Allora: prendi una tavoletta di legno e posavi sopra 6 portalampade e connettili di volta in volta nei 4 modi rappresentati nella Figura 9.1.

Comprati anche un volt-amperometro: lo trovi in qualunque negozio di elettricità e non costa molto, come dicevo sopra. Evita, però, i modelli digitali che ti mostrano i valori misurati di corrente e tensione con un display a cristalli liquidi. Meglio uno analogico con l'indice che ruota e permette di leggere sulla scala i valori misurati. È un buon investimento: ti può servire anche per misurare la tensione delle pile con cui alimenti ogni sorta di apparecchi (radio, giocattoli, cercametalli ecc.) in modo da cambiarle prima che si esauriscano. Potrai misurare anche tensioni in vari punti di elettrodomestici per vedere da che cosa dipendono eventuali guasti.

Ora monta sui 6 portalampade 6 lampadine da 40 W e attacca le entrate alla rete, dunque alla tensione di 240 V, più o meno. (Nelle prove che ho fatto io, la tensione era di 228 V.) La tensione effettiva misurala con lo strumento. Dovrai disporlo su Vac con fondo scala di 250 V, cioè mettere uno dei puntali dei fili di collegamento nel buco contrassegnato dal simbolo ~ (che vuol dire «in corrente alternata») e l'altro nel buco contrassegnato con «250 V ~». Però ti consiglio di farti dare una mano da qualche amico che sappia già un po' di elettrotecnica perché è molto facile fare errori e, in conseguenza, bruciare lo strumento – come accennavo sopra – o farsi male. Nel pannello con i portalampade ti converrà connettere ai due capi di ciascuno dei portalampade due boccole di contatto in cui si possano infilare dei jack (o banane) collegati a pezzi di filo unipolare, con i quali facilmente potrai realizzare tutti gli schemi in figura.

Ora comincia a connettere le 6 lampade come nello schema (1) di Figura 9.1, cioè tutte e sei in serie. La tensione disponibile si ripartirà fra le 6 lampade divisa per 6. A ogni lampada sono applicati 38 volt e se misuri la corrente che passa per le lampade (ovviamente è la stessa per tutte), ve-

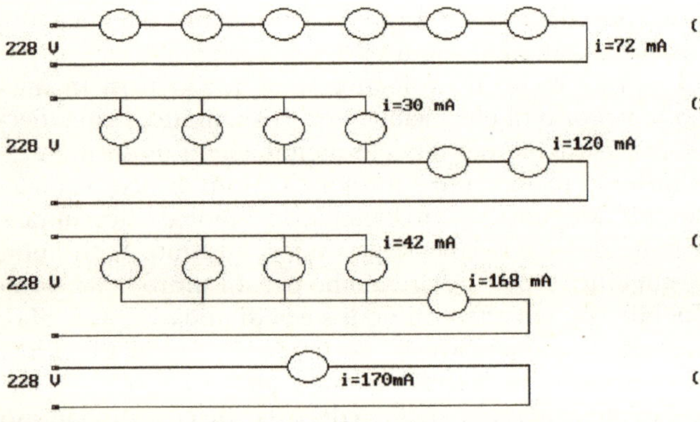

Figura 9.1 Circuiti con lampade da 40 W connesse in vari modi.

drai che è di 72 mA (milliampere, cioè millesimi di ampere). La resistenza di ciascuna lampada è uguale per definizione al rapporto fra tensione e corrente e risulta di 527 ohm. La resistenza totale delle 6 lampade in serie è 527 ohm × 6 = 3182 ohm che, moltiplicata per 72 mA, è uguale alla tensione applicata di 228 V.

Ora sai bene che una lampadina accesa si scalda. Infatti, se è stata accesa per qualche minuto e la tocchi, ti scotti. Questo dipende dal fatto che una resistenza percorsa da corrente elettrica dissipa energia, cioè si scalda. Quanta ne dissipa? Questo fenomeno fu studiato da Joule, il quale capì che l'energia dissipata è proporzionale al quadrato della corrente e alla resistenza. In formule, la potenza dissipata è

$$P = R\,I^2$$

Ho già detto che la potenza (in watt) si calcola come prodotto della corrente per la tensione. La formula appena scritta lo conferma. La tensione, per la legge di Ohm, è $V = R\,I$ e la corrente è I. Il prodotto della tensione per la corrente è proprio il valore della potenza nella formula scritta sopra.

Nell'esperimento che hai appena fatto, avrai notato che le sei lampadine non erano molto luminose. Riuscivi appena a vederne il filamento. Se le tocchi, non scottano: non sono nemmeno tiepide. Facciamo il calcolo.

Viene: (527 ohm × $(0{,}072\ \text{A})^2$) = 2,7 watt – la potenza dissipata in ogni lampada è circa 15 volte minore di quella (40 W) erogata quando è alimentata alla tensione nominale di 230 V. Ho scritto i valori citati nella terza riga della tabella che segue e procedo a descrivere le esperienze che generano i valori delle altre grandezze (tensione applicata alle lampade, correnti che le attraversano, resistenze e potenze) registrate nelle altre righe della tabella.

Ma ora ragiona un momento. Se la resistenza delle lampade, che abbiamo appena calcolato in 527 ohm, restasse uguale anche quando le lampadine sono alimentate a 228 V, che potenza assorbirebbero? La corrente sarebbe 228 V/527 Ω = = 432 mA e la potenza sarebbe uguale al prodotto della tensione per la corrente. Cioè 228 V × 432 mA = 98 W che è più del doppio della potenza di 40 W dichiarata dal fabbricante. Dobbiamo concludere che la resistenza crescerà (e, quindi, la corrente diminuirà) quando cresce la tensione applicata.

V (volt)	*I (mA)*	*R (ohm)*	*R I^2 (watt)*
4	30	133	0,12
9	42	214	0,38
38	72	527	2,7
112	120	900	12,7
219	168	1309	36,9
228	170	1350	39

Realizza, allora, il circuito (2) nella Figura 9.1. Ora ci sono 4 lampade in parallelo e, in serie a esse e fra di loro, altre 2 lampade. Misura la tensione ai capi delle 4 lampade in parallelo: è solo di 4 V. La tensione ai capi della coppia di 2 lampade in serie è di 224 V e la corrente che le attraversa è di 120 mA. Questa si ripartisce in 4 parti: sono 30 mA che passano per ciascuna delle 4 lampade in parallelo. Non fanno luce: sembrano spente. Le due lampade in serie, invece, sono attraversate da 120 mA, una corrente 4 volte più intensa e la tensione ai capi di ciascuna è 112 V. Riempiamo così la prima e la quarta riga della tabella. La resistenza delle lampade è di 133 ohm se la corrente che ci passa è 30 mA e di 900 ohm se la corrente è 120 mA.

Poi realizziamo lo schema (3) nella Figura 9.1 con 4 lampade in parallelo e, in serie a esse un'altra lampada sola. Ai capi delle prime la tensione è di 9 V e sono attraversate da 42 mA. Di nuovo sembrano spente. La lampada in serie a quelle 4, invece, è attraversata da 168 mA, una corrente 4 volte più intensa (dato che confluiscono in essa le 4 correnti delle lampade in parallelo) e la tensione ai suoi capi è 219 V. Questa lampadina, ora, fa una luce quasi normale, cioè come quella della lampada singola alimentata a 228 V dello schema (4) che assorbe 39 watt (con una differenza minima rispetto al valore dichiarato dal fabbricante). Così possiamo riempire tutte le righe della tabella che precede. Non ho riportato tutti i calcoli, ma puoi controllare facilmente che sono giusti (con qualche approssimazione).

Ora riporto nel diagramma della Figura 9.2 come varia la resistenza in funzione della corrente. Le crocette indicano i punti che si definiscono con le coppie di valori di corrente e resistenza riportati nella tabella. Si vede bene che l'andamento è lineare: possiamo disegnare una retta che passa quasi esattamente per i 6 punti calcolati.

Così abbiamo descritto come varia la resistenza dei filamenti di tungsteno in funzione della corrente. In effetti la resistenza dei filamenti delle lampadine dipende dalla loro temperatura (il filamento di tungsteno di una lampadina accesa arriva alla temperatura di circa 2500 °C). Quando la corrente è più intensa, la potenza dissipata è maggiore (come abbiamo già visto è proporzionale al quadrato della corrente) e quindi la temperatura è più alta. La situazione è stabile. Appena accendiamo la lampadina, la temperatura è bassa, quindi la corrente è alta. Poi la resistenza cresce e la corrente si abbassa.

Qui devi stare attento. Se osservi il diagramma in Figura 9.2,

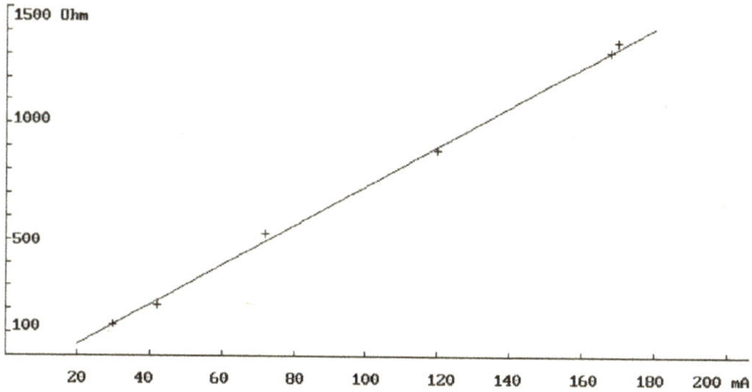

Figura 9.2 Resistenza di lampade da 40 W in funzione della corrente.

puoi essere tentato di credere che quando la lampadina è appena accesa e non si è ancora scaldata, la temperatura è bassa, anche la corrente è bassa. Invece non è così. Nell'esperimento fatto con le lampadine in serie o in parallelo, l'unico modo che avevi di tenere bassa la temperatura era quello di tenere bassa la tensione. È per questo che mettevi lampade in serie, ripartendo la tensione della rete fra più lampadine. Quando accendi una lampadina in condizioni normali, invece, la resistenza è bassa perché la temperatura è bassa, ma tu ci applichi tutti i 228 V della rete. E allora, quanta potenza assorbe la lampadina?

Nella formula $P = R\,i^2$ inseriamo il valore di i dedotto dall'altra $V = R\,i$, cioè $i = V/R$. Ne risulta:

$$P = V^2/R$$

Se la tensione è 228 V, allora $V^2 = 51.984$ volt^2 e la potenza dissipata è di 520 watt, se la resistenza è di soli 100 ohm. È per questo che le lampadine si fulminano (cioè si rompe il filamento) molto più spesso proprio nel momento in cui vengono accese. Poi quando la temperatura è aumentata e la resistenza è salita a 1300 ohm, la potenza è scesa a 40 W.

La resistenza elettrica di tutti i metalli cresce al crescere della temperatura. Nel caso del tungsteno la variazione unitaria (cioè per ogni grado centigrado di aumento) è bassa. Dalla Figura 9.2 vediamo che la resistenza cresce di circa 15 volte per un aumento di temperatura di 2500 °C. Questo significa che la variazione per grado è 15/2500 = 0,6 per mille.

Anche la resistenza dei fili di rame (cioè dei conduttori delle linee elettriche e degli impianti domestici e industriali) varia in funzione della temperatura. La variazione per grado è maggiore che per il tungsteno: circa il 4 per mille per ogni grado. Però le correnti che fluiscono nel rame dei fili elettrici e delle macchine sono abbastanza basse, per cui la sua temperatura aumenta di poche decine di gradi soltanto. (La resistenza specifica del rame a 20 °C è 0,017 ohm per mm^2 di sezione e per metro di lunghezza.)

Una volta (negli anni Trenta a Roma) vidi i fili di una linea tranviaria che, a causa di un guasto, erano attraversati da una corrente molto intensa. Per qualche ragione gli interruttori automatici non scattarono e la temperatura dei fili crebbe tanto che si allungarono spanciando fino quasi a toccare terra.

Ora racconto poche cose qualitative sull'elettricità: se le trovi ovvie, salta al capitolo seguente. Se, invece, ti suonano nuove, leggile perché sono cose che è bene sapere.

Dunque le correnti elettriche si fanno fluire in circuiti di tanti tipi diversi per scopi energetici: per trasmettere energia fra punti lontani, per trasformare energia elettrica in energia meccanica (azionando i motori di tram, treni, macchine utensili, elettrodomestici); per trasformare energia elettrica in energia chimica allo scopo di trasformare certe sostanze in altre. Questa tecnologia si chiama delle «correnti forti».

Quando si usa o si trasporta energia elettrica, è inevitabile che se ne perda una parte a causa dell'effetto di dissipazione studiato da Joule. Questa energia persa è proporzionale al quadrato della corrente. Ma abbiamo visto che la potenza elettrica è uguale al prodotto della corrente per la tensione. A parità di potenza, allora, conviene che le tensioni siano molto alte e le correnti molto basse. Questa trasformazione si ottiene, appunto, con macchine chiamate trasformatori che abbassano la corrente e alzano la tensione all'inizio di una lunga linea elettrica e poi riabbassano la tensione e innalzano la corrente alla fine della linea. In casa abbiamo energia elettrica alla tensione di circa 220 V. Perché? Ma perché tensioni più alte sarebbero pericolose: tenderebbero a far passare molta corrente attraverso il nostro corpo e basta un decimo di ampere per ucciderci. Invece nelle grandi linee elettriche lunghe decine e centinaia di kilometri la tensione elettrica è 1700 volte più alta: arriva a 380.000 V. Così le perdite di trasmissione sono 1700^2 (cioè 3 milioni) di volte minori che se trasmettessimo energia a 220 V. Questo vuol dire che, se non ci fossero i trasformatori, non sarebbe possibile trasmettere energia a grandi distanze.

È possibile trasformare tensione e corrente solo se la corrente è alternata. È per questo che nelle nostre case e nell'industria si usa appunto corrente alternata.

Esiste anche una tecnica che anni fa si chiamava «delle correnti deboli» – oggi si chiama elettronica – e ne parlo (troppo brevemente) nell'ultimo paragrafo di questo capitolo.

Come si accumula l'energia

Sarebbe bello poter produrre energia elettrica sul posto dove e quando è richiesta. Forse questo sarà possibile, se e quando sarà disponibile la fusione fredda. Oggi lo si potrebbe fare con piccoli generatori termoelettrici dai quali si può ottenere il calore per scaldare ambienti ed energia elettrica per consumo domestico, rivendendo alle aziende distributrici l'energia prodotta in eccesso. Un apparecchio di questo tipo era il TOTEM della Fiat: usava un motore della 127, produceva 16 kW di potenza elettrica e, insieme, tanto calore da scaldare un appartamento di 400 metri quadrati, ma non ebbe fortuna.

Non solo non è sempre facile generare elettricità dove e quando serve. Talora la generazione di elettricità può avvenire solo in certi luoghi e in certi tempi (come quando si capta energia meccanica dall'acqua fluente di un fiume oppure quando si produce corrente continua da un pannello solare fotovoltaico). Conviene, dunque, accumulare energia. Notoriamente lo si può fare caricando batterie, che però sono troppo costose, pesanti e scomode se le quantità di energia da accumulare sono ingenti.

Il sistema più efficace per accumulare energia consiste nell'usarla per pompare acqua da laghi che stanno in basso a laghi (naturali o artificiali) che stanno a quota più alta. Quando si vuole usare di nuovo l'energia, si fa fluire di nuovo l'acqua dai laghi alti a quelli bassi facendola passare per turbine che generano di nuovo energia meccanica. Le turbine muovono alternatori che producono di nuovo energia elettrica.

L'Italia ha un primato mondiale in questo campo, dato che

sulle Alpi e sugli Appennini ci sono molti laghi ad alta quota. La potenza installata in queste centrali di pompaggio è circa di 7 GW, equivalente a quella di 7 grandi centrali nucleari.

Campi elettrici e magnetici

È quasi ridicolo parlare di campi elettrici e magnetici in un paio di pagine. Ma sarà meglio che io smetta di scusarmi per tutte le cose che non racconto qui. Ho già detto parecchie volte che questo libro è una specie di antologia. Serve a mostrare che fenomeni fisici abbastanza complicati si possono spiegare con una certa precisione, semplicemente ragionando sui risultati di esperienze e formulando matematicamente le regolarità osservate. Certo: non è proprio vero che anche tu diventi un fisico dopo aver letto e meditato queste pagine. Però, almeno, ti cominciano a essere familiari certi concetti e certi strumenti che i fisici veri padroneggiano continuamente.

Le cose che abbiamo detto nel Capitolo 5 a proposito della legge di gravitazione universale con la formula

$$F = G\,M\,M'/R^2$$

si possono esprimere dicendo che la massa M produce un campo gravitazionale CG proporzionale alla massa stessa e inversamente proporzionale al quadrato della distanza, cioè

$$CG = G\,M/R^2$$

In ogni punto P dello spazio questo campo CG ha il valore appena scritto e ha la direzione della retta che congiunge il punto P con il baricentro della massa M. Quando le cose stanno così, si dice che il campo è vettoriale. (Il segmento orientato PM si chiama vettore e si rappresenta con una freccia che va da P a M.) La forza di attrazione esercitata da M su M' è uguale al prodotto di M' per CG. (E il risultato è identico se consideriamo il campo generato da M' e la forza esercitata su M.)

Le cose vanno nello stesso modo con le cariche elettriche che generano campi elettrici. La carica Q genera un campo elettrico

$$CE = k\,Q/R^2$$

Moltiplicando il valore di CE per il valore di una carica elettrica Q' che si trovi nel campo generato da Q, si ottiene la forza di attrazione fra le 2 cariche (espressa in newton). Dunque le dimensioni di k sono quelle di una forza divisa per il quadrato di una carica elettrica e moltiplicata per una lunghezza al quadrato.

$$[k] = [M\,L\,T^{-2}\,Q^{-2}\,L^2] = [M\,L^3\,T^{-2}\,Q^{-2}]$$

La costante k ha il valore $8{,}98 \cdot 10^9$ joule · metri/coulomb^2 (o, che è lo stesso: $8{,}98 \cdot 10^9$ volt · metri/coulomb – se ci provi, riesci a controllare che questa equivalenza è giusta. Nei capitoli precedenti e in questo ho fornito dati sufficienti per farlo: la cosa non è immediata, ma la puoi considerare un esercizio, almeno più utile delle parole incrociate).

Succedono cose del tutto analoghe con i campi magnetici generati dai poli di un magnete o generati da una corrente elettrica. Questi ultimi campi magnetici hanno direzioni che giacciono in un piano perpendicolare all'asse del conduttore percorso dalla corrente I. Alla distanza R dal conduttore, il campo magnetico ha una direzione tangente alla circonferenza di raggio R che ha il centro sull'asse del conduttore e il suo valore H si calcola con la formula di Biot e Savart:

$$H = I/2\,\pi\,R$$

I campi magnetici si misurano, quindi, in ampere/metri.

Come abbiamo visto sopra, invece, il campo elettrico prodotto nel punto P da una carica elettrica Q, è orientato come la retta che congiunge Q a P. La corrente che percorre un conduttore costituisce un flusso di cariche elettriche e genera anche un campo elettrico che ha direzione perpendicolare a quella del campo magnetico.

Gli oggetti percorsi da correnti elettriche che si trovano in campi magnetici sono soggetti a forze proporzionali al prodotto del valore della corrente per quello dell'intensità del campo. È così che funzionano i motori elettrici sui quali, al solito, c'è una mole enorme di altre cose da imparare.

In un circuito elettrico che sia concatenato con un campo magnetico che varia, viene generata una tensione proporzionale alla derivata (variazione nel tempo) del flusso magnetico. E per questo funzionano i generatori elettrici, le dinamo (a corrente continua) e gli alternatori (a corrente alternata).

Quelle che precedono sono alcune modeste verità riguardanti i campi elettrici e magnetici. Servono per spiegare qualche altro pezzetto di informazione che presento fra poco. Certo non servono a capire come funzionano i campi elettromagnetici per la trasmissione di segnali radio e TV, nelle macchine elettriche, nelle situazioni in cui ci si muovono dentro elettroni, ioni, fotoni e altre particelle. Per questo ci vuole altro. Qui ti ho solo fatto sentire l'odore di queste cose.

D'altra parte per cominciare a comprendere qualcosa di argomenti nuovi, bisogna almeno capire le parole che si usano. Dunque questo libro, da una parte spiega come fare certi calcoli più o meno complicati per misurare la realtà e prevederne il comportamento. Da un'altra può essere considerato come un glossario introduttivo.

Il campo elettrostatico nell'atmosfera

All'inizio del capitolo parlavo brevemente di elettricità statica. L'ambra e le materie plastiche, se vengono strofinate con panni di lana, producono elettricità statica e attraggono pezzetti di carta. È possibile produrre cariche elettrostatiche per strofinìo con macchine apposite e raggiungere così tensioni anche alte (centinaia o migliaia di volt). Abbiamo esperienza di elettricità statica quando l'umidità atmosferica è molto bassa, per esempio, perché la temperatura è molto bassa, ma anche in altre condizioni. Succede, allora, che quando scendiamo da un'automobile che abbia i sedili di plastica, il nostro corpo è carico di elettricità statica. Allora se diamo la mano a un'altra persona o se infiliamo una chiave in una serratura, prendiamo una scossa che può essere sgradevole, e vediamo scintille fra la chiave e la serratura. Queste scariche elettriche possono causare inconvenienti su apparecchiature elettroniche delicate o possono anche causare deflagrazioni di gas infiammabili. In alcuni ospedali (specie negli USA) medici e infermieri portano intorno alla caviglia un braccialetto di rame che è collegato con un filo di rame a una piastrina fissata sotto la scarpa. In questo modo il corpo della persona scarica continuamente a terra la sua elettricità statica.

Una cosa interessante – ignorata da molti – è che nell'atmosfera c'è un campo elettrostatico che cresce di circa 100 volt per ogni metro di quota. A 30 metri dal suolo, perciò, il potenziale elettrostatico è di circa 3000 V. Non ce ne accorgiamo perché quando andiamo a misurare questo potenziale, generiamo una piccola corrente che lo annulla. Così non ci rendiamo conto della differenza di potenziale di circa 200 V che c'è fra la nostra testa e i nostri piedi perché il nostro stesso corpo conduce elettricità e quindi porta subito il potenziale elettrico della nostra testa allo stesso livello di quello dei piedi.

Questo aumento di potenziale continua, sia pure più lentamente, raggiungendo 400.000 V alla quota di 50 km, dove l'atmosfera è ionizzata abbastanza da poter essere considerata uno strato conduttore a potenziale costante. La superficie terrestre è negativa e gli ioni (particelle cariche) presenti nell'atmosfera portano stabilmente una corrente continua dagli strati alti dell'atmosfera fino a terra. Si tratta di una corrente a bassa densità: sono 1800 A su tutta la superficie della Terra (che è di 509 10^{12} m^2). La densità di corrente è, dunque, di circa 3,5 pA/ m^2, veramente minima: sono milionesimi di milionesimi di ampere per metro quadrato. La potenza complessiva è notevole:

$$1800 \text{ A} \cdot 400.000 \text{ V} = 7200 \text{ MW}$$

(cioè una potenza come quella di una centrale termoelettrica o termonucleare abbastanza grossa), ma con quella densità così bassa non si può utilizzare affatto a scopi pratici.

E perché questa carica non si è già dispersa? In effetti si disperde continuamente, ma viene rigenerata dai fulmini che si accompagnano ai temporali (al ritmo di un centinaio al secondo su tutta la superficie terrestre).

Questi fenomeni di fisica dell'atmosfera sono complicati. Quando si scatena un temporale, i processi elettrici avvengono simultaneamente a processi termodinamici. Li troverai descritti molto bene nel Capitolo 9 del II Volume (Parte I) della *Fisica di Feynman* già citata.

Lo spettro elettromagnetico

Nel Capitolo 11 riparleremo della lunghezza d'onda della luce che è notoriamente una radiazione elettromagnetica.

La velocità della luce – che si indica con la lettera c – è una costante (nel vuoto) e ha il valore di circa 300.000.000 m/s. Ne riparleremo nel Capitolo 12 a proposito della teoria della relatività. Qui precisiamo la semplice relazione che intercorre fra velocità della luce (e la velocità delle altre onde elettromagnetiche, che è la stessa), frequenza delle onde e lunghezza d'onda. La frequenza ν (attento! questa non è una v, è la lettera greca «ni») si misura in hertz (Hz) (cioè in secondi alla potenza –1) ed è l'inverso del periodo T, che è il tempo che passa fra l'istante in cui il valore della radiazione è massimo e l'istante seguente in cui tale valore passa di nuovo per il massimo. Dal valore massimo il valore della radiazione (campo elettrico o magnetico) diminuisce seguendo un diagramma sinusoidale (vedi le figure nel Capitolo 11), passa per zero, poi raggiunge un valore negativo (uguale e opposto al massimo precedente), cresce di nuovo, passa di nuovo per zero e, infine, raggiunge – appunto – un secondo massimo. La relazione è:

$$c = \lambda \cdot \nu$$

dove λ è la lunghezza d'onda della radiazione che si misura in metri.

Solo per memoria e tanto per ricordare gli ordini di grandezza, riporto nella tabella seguente i valori delle frequenze e delle lunghezze d'onda corrispondenti ai vari tipi di radiazione.

La gamma delle frequenze riportate nella tabella viene chiamata spettro elettromagnetico. Lo spettro della luce visibile (violetto, blu, verde, giallo, arancio, rosso) si evidenzia scomponendo la luce del Sole con un prisma di cristallo.

Tipo di radiazione	*Lunghezza d'onda*	*Frequenza (Hz)*
Raggi gamma	10^{-6} nm	10^{23}
Raggi X	10^{-3} nm	10^{18}
Ultravioletto	10^{-1} – 10 nm	10^{16} – 10^{15}
Luce visibile	4 – 7 10^{2} nm	7,5 – 4,2 10^{14}
Infrarosso	3 mm	10^{11}
Ku-band (trasm. satelliti)	3 – 20 cm	13 – 11 · 10^{9}
UHF	0,1 – 1 m	3 – 0,3 · 10^{9}
VHF	1 – 5 m	216 – 54 · 10^{6}
Onde corte	30 m	10^{7}
Onde medie	300 m	10^{6}
Onde lunghe	3000 km	10^{2}

I circuiti elettrici e le loro impedenze

Quando le correnti sono variabili succedono cose più complicate di quelle viste con tensioni costanti applicate a resistenze. In certi elementi di circuito – detti condensatori o capacità – le cariche elettriche possono essere accumulate temporaneamente o stabilmente.

Nella Figura 9.3 a destra è rappresentato un circuito che contiene una batteria E che produce una tensione continua, una resistenza R, un interruttore S e un condensatore C.

Il simbolo usato per il condensatore C intende rappresentare due elementi metallici piatti posti a breve distanza l'uno dall'altro. In effetti certi condensatori sono realizzati con fogli di stagnola arrotolati insieme e separati da uno strato sottile isolante di carta o plastica.

I condensatori sono capaci di immagazzinare una certa carica elettrica Q e fra le loro due parti metalliche (dette comunemente «armature») c'è una differenza di potenziale (una tensione elettrica) V che è proporzionale a Q: più alta è la tensione, più grande è la carica immagazzinata. Si può scrivere, dunque:

$$Q = C\,V \quad ; \quad C = Q/V$$

dimensionalmente una capacità è un rapporto fra una carica e una tensione. Si misura in farad (simbolo F, il nome è derivato da Faraday). Un farad è 1 coulomb diviso 1 volt.

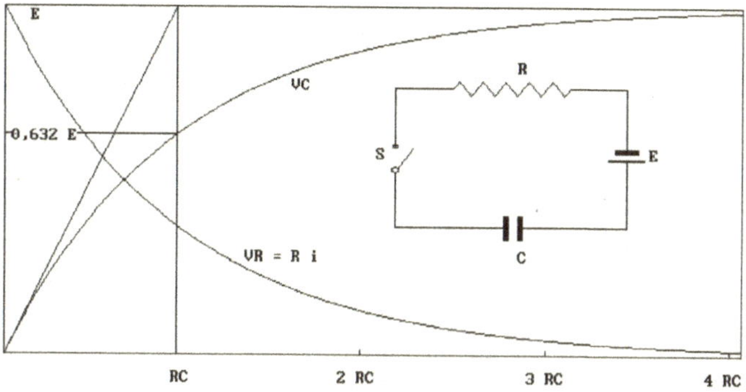

Figura 9.3 Diagramma della carica di un condensatore.

$$[C] = [Q/V] = [Q^2\, M^{-1}\, L^{-2}\, T^2]$$

Qui va tenuto presente che un farad è un'unità di misura molto, molto grande. Infatti l'intero pianeta Terra ha una capacità elettrica che non arriva a 1 mF (millifarad). Già un condensatore da 1 μF è molto grosso. Eppure un fabbricante è riuscito anni fa a realizzare un condensatore da 1 farad con due strati conduttori separati da un isolante di spessore molecolare. La tensione massima che quel condensatore poteva sopportare era di 0,5 volt. Quel fabbricante pubblicò una pagina pubblicitaria su una rivista di ingegneria in cui si vedeva una mano che fuoriusciva da una manica ornata di merletto e teneva questo straordinario componente elettrico. Il testo diceva:

> Ci abbiamo messo parecchio, Mr. Faraday, ma ce l'abbiamo fatta!

Nei primi anni di questo secolo sono stati realizzati ultracondensatori con capacità di migliaia di farad. Essi sfruttano superfici enormi ottenute usando spugne di carbone molto poroso, separate da un elettrolita. Presentano inconvenienti: uno degli elettroliti migliori è l'acetonitrile, che, però, se brucia con poca aria, produce cianuro. Ci sono altri fattori negativi gravi. Il costo è eccessivo: nel 2005, 9000 euro per kilowattora immagazzinato. La densità di energia è troppo bassa: una struttura di condensatori in serie-parallelo che occupi 1 metro cubo immagazzina (2005) solo 20 kilowattora con cui un'auto normale percorre meno di 100 kilometri. Per confronto un serbatoio di benzina di 50 litri immagazzina abbastanza energia da farci viaggiare per 500 kilometri.

Ma torniamo al circuito di Figura 9.3. Il diagramma riporta correnti e tensioni come ordinate, mentre in ascisse è riportato il tempo. Come unità di misura del tempo prendiamo il prodotto RC. Che questo prodotto abbia le dimensioni di un tempo, lo vedi facilmente.

Le dimensioni fisiche di una resistenza (come già indicato) sono:

$$[R] = [ML^2T^{-1}\,Q^{-2}]$$

Moltiplicandole per quelle della capacità (vedi sopra) otteniamo, per elisione di tutti gli altri termini:

$$[RC] = [ML^2T^{-1}\,Q^{-2} \cdot Q^2\,M^{-1}\,L^{-2}\,T^2] = [T]$$

Inizialmente il condensatore C è scarico (la tensione V_C ai suoi capi è zero) e l'interruttore S è aperto. Non passa corrente nel circuito. All'istante zero chiudi l'interruttore e vediamo ora che cosa succede.

Il condensatore comincia a caricarsi con la corrente i che fluisce nel circuito. Nel primissimo istante la corrente è uguale al rapporto fra la tensione E della batteria e la resistenza R. Perché? Ma perché inizialmente il condensatore C è scarico: non c'è differenza di potenziale fra le sue due armature: funziona come un cortocircuito.

Poi la corrente diminuisce a mano a mano che aumenta la tensione V_C ai capi di C ed è uguale al rapporto fra la piccolissima carica dq che passa nel tempo elementare dt, e il tempo dt stesso. Così generalizziamo la definizione già data, dicendo che la corrente istantanea nel circuito è uguale alla derivata rispetto al tempo della carica elettrica fluente:

$$i = dq/dt$$

Da quanto sopra deduco che:

$$dq = i\,dt = C\,dv$$

Nel circuito la tensione (continua, cioè costante) E deve essere uguale alla somma della tensione V_C ai capi del condensatore e della caduta di tensione nella resistenza R. Cioè:

$$E = R\,i + V_C = R\,i + q/C$$

Qui la carica q è quella che si è accumulata nel condensatore, cioè

$$q = \int i\,dt$$

Allora deriviamo rispetto al tempo t i due membri della penultima equazione scritta e otteniamo

$$0 = R \cdot di/dt + i/C \quad \text{da cui:}$$
$$di/i = -\,dt/RC$$

$$\int di/i = -\,1/RC \cdot \int dt$$

$$\log i = -\,t/RC \quad ; \quad i = e^{-(t/RC)} + \text{costante}$$

Ma abbiamo già visto che inizialmente per t = 0 la corrente è i = E/R. Dunque la corrente diminuisce secondo la curva esponenziale rappresentata in figura che ha l'equazione

$$i = (E/R)\,e^{-(t/RC)}$$

La tensione ai capi del condensatore C è uguale alla differenza fra E e la caduta di tensione nella resistenza R, cioè:

$$V_C = E\,(1 - e^{-(t/RC)})$$

Per t = 0, è $V_C = 0$. Poi V_C cresce esponenzialmente seguendo l'equazione appena scritta. Quando è trascorsa una costante di tempo RC a partire dall'istante iniziale t = 0, è

$$V_C = E\,(1 - 1/e) = 0{,}632\,E$$

La tangente nell'origine al diagramma di V_C è la retta che parte dall'origine e interseca la retta orizzontale V = E nell'istante t = RC.

Abbiamo visto così come sia possibile calcolare corrente e tensione in un semplice circuito con resistenza e capacità.

In modo simile, ma un po' più complicato, possiamo calcolare correnti e tensioni in circuiti in cui ci siano anche componenti induttive. Una induttanza (simbolo L) può essere costituita da una bobina di conduttore in modo che le variazioni del campo magnetico prodotto dalla corrente che ci passa producono una tensione che agisce nel circuito stesso. Quando un circuito contiene resistenza, induttanza e capacità, gli effetti di questi tre parametri si combinano a opporsi o modificare le tensioni in gioco e la loro funzione complessiva viene rappresentata da un parametro complesso detto impedenza. Qui riporto solo l'equazione di un circuito RLC che è:

$$V = R\,i + L\,di/dt + 1/RC \cdot \int dt$$

Le cose non sono molto più complicate quando le correnti e le tensioni sono alternate, cioè rappresentabili con diagrammi sinusoidali. Ma ora smettiamo di parlare di elettrotecnica, che è spiegata in tanti buoni manuali, ai quali rinvio.

Elettronica

La parola «elettronica» fu inventata da Michael Faraday, lo scienziato che per primo capì bene i fenomeni elettromagnetici. È la tecnica impiegata nelle radio, nelle telecomunicazioni, nei controlli automatici, nei computer. Qui le correnti continuano ovviamente a trasmettere energia, ma non è questo l'importante: la funzione delle correnti e delle tensioni è quella di trasmettere ed elaborare informazioni.

Le correnti elettriche che qui ci interessano sono piccolissime, passano in conduttori di rame molto sottili e dissipano pochissima energia. Queste correnti passano anche nel vuoto (come accade nei tubi elettronici usati fino ai primi anni Sessanta nelle radio e nei computer) e nei reticoli di cristalli di silicio e di altre sostanze (come accade nei transistor e nei circuiti integrati).

I circuiti elettronici servono a captare i segnali trasmessi dalle onde elettromagnetiche della radio e della televisione. Servono ad amplificare questi segnali deboli. Servono anche a elaborare segnali per ottenere certe prestazioni di controllo (per esempio, per far svolgere nel modo giusto processi industriali). Servono – nei computer – per elaborare segnali che rappresentano simbolicamente numeri.

I progressi nell'elettronica sono stati enormi. Nel 1955 io guadagnavo il mio stipendio al Consiglio nazionale delle ricerche, manutenendo e riparando l'unico computer scientifico che c'era in Italia. Era una macchina lunga 10 metri e alta 2 metri, che conteneva parecchie migliaia di valvole o tubi elettronici. Faceva mille operazioni al secondo e si guastava tutti i giorni, il che accadeva quando una valvola elettronica era fulminata oppure trasmetteva una corrente insufficiente. Quel computer era costato 300 milioni di lire (equivalenti a circa 8 milioni di euro del 2000).

Il computer su cui sto scrivendo questa pagina esegue 2 miliardi di operazioni al secondo, ed è già vecchiotto: molti computer portatili di oggi sono ancora più veloci. Il mio computer non si guasta quasi mai ed è costato meno di 1000 euro. La velocità è cresciuta 2 milioni di volte e il prezzo è sceso di 8000 volte.

Smetto qui di parlare di elettronica. Solo per darne un'idea un po' meno vaga, ci vorrebbe un libro a parte. Per imparare questa disciplina a livello professionale bisogna leggere tanti libri e svolgere molti esperimenti.

10.
ENERGIA (FONTI E SCENARI) E SOCIETÀ

Da questo libro stai imparando qualcosa su alcuni fenomeni studiati dalla fisica e su alcuni strumenti usati per capirli. In questo capitolo presento alcuni ragionamenti su problemi connessi all'energia nei paesi moderni. Non è un argomento di fisica, ma è rilevante e aggiunge concretezza.

I dibattiti su crisi energetica ed eventuale esaurimento delle risorse sono sempre accesi. Non si presta attenzione sufficiente, invece, agli aspetti sistemici della situazione energetica e alle interazioni fra settori (energia, trasporti, comunicazioni, uso del territorio). Per fare previsioni plausibili, occorrono serie storiche di dati rilevanti in base a cui stimare le tendenze correnti e le catene causali. L'uso delle fonti di energia ha subìto note variazioni epocali:

- un declino costante del legno dalla metà del XIX secolo fino a rappresentare una porzione oggi trascurabile;
- sviluppo del carbone per produrre calore e alimentare le macchine a vapore, fino a un massimo percentuale nel primo decennio del XX secolo, seguito da un declino;
- sviluppo del petrolio (e delle auto, il cui parco sta raggiungendo asintoti nella maggioranza dei paesi industriali) fino al massimo percentuale del 1973;
- sviluppo del gas naturale che raggiunse il 10% dei consumi mondiali nel 1955 e, forse, raggiungerà il proprio massimo nei primi decenni del secolo XXI;
- sviluppo del nucleare negli anni Settanta, poi bloccato per impopolarità, ma ora, sembra, in ripresa.

Le fonti primarie (legno, carbone, petrolio, gas, idroelettrico + nucleare + geotermico sommati) hanno fornito nel mondo le porzioni di energia rappresentate nel diagramma di Figura 10.1. Le ordinate del diagramma sono proporzionali ai logaritmi di $F_i/(1 - F_i)$, dove F_i è la percentuale dell'energia primaria fornita dalla fonte i.

In questa rappresentazione, se un diagramma è raffigurato da una retta inclinata verso l'alto o verso il basso, ciò significa che la variabile relativa è governata da un'equazione di Volterra-Lotka, segue, cioè, una curva a S (o logistica) che parte e arriva a tratti orizzontali (in cui la variabile ha valore costante). Il declino del carbone nel XX secolo aveva pendenza vicina a quella già verificata col declino del legno nel XIX secolo e il declino del petrolio dopo il 1973, sembrava inizialmente destinato a seguire una terza curva parallela alle due dette. La crescita del gas avvenne con pendenza vicina a quella del petrolio fino al 1970. Però, il gas raggiunse il carbone nel 1999 e ne fusubito superato di nuovo. Dal 1985 le 4 fonti presentano percentuali quasi costanti.

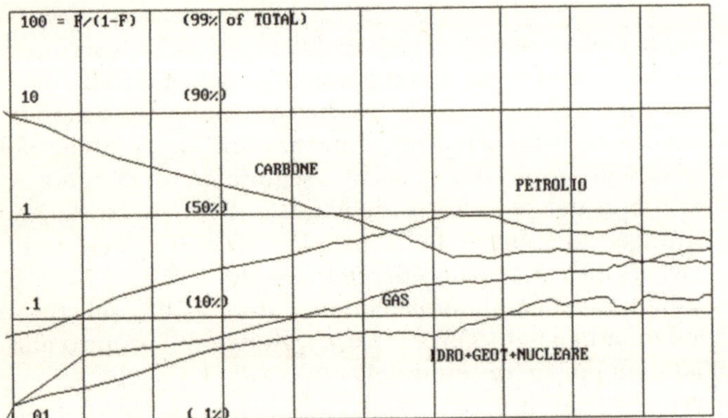

Figura 10.1 Ripartizione fonti primarie di energia nel mondo.

Il consumo di energia è cresciuto senza posa nel XX secolo. Nel 2005 era di 480 EJ/anno (1 exajoule = 10^{18} joule) cioè 10.564 MTEP (milioni di tonnellate equivalenti di petrolio). Adattando alla serie 1925-2010 dei consumi mondiali un'equazione di Volterra, si ottiene una proiezione al 2050 di 700 EJ (15.413 MTEP). La Figura 10.2 mostra la curva logistica dell'energia totale che meglio si adatta ai dati empirici. Naturalmente queste proiezioni a lungo termine sono affette da grande incertezza. Il World Energy Council ha pubblicato un ventaglio di valori maggiori dal 20% al 115% di quelli sopra indicati. Molti ritengono, infatti, che gli sviluppi economici velocissimi di Cina e India implicheranno una domanda energetica sempre più intensa di quei Paesi.

Carbone, petrolio, gas, idroelettrico + nucleare + geotermico, sommati, hanno fornito in Italia le porzioni di energia riportate nella Figura 10.3.

Il declino del carbone iniziò anche in Italia con il XX secolo. Dal 1970 oscilla intorno al 10% del totale. Il declino percentuale del petrolio dal 1973 sembrava inizialmente destinato a seguire un andamento simile a quello del carbone a metà del secolo scorso. Invece negli ultimi 40 anni ha rallentato. Se continuano gli andamenti attuali, potremmo attenderci che verso il 2025 le porzioni fornite da gas e petrolio vadano a coincidere al 42%, mentre il 16%

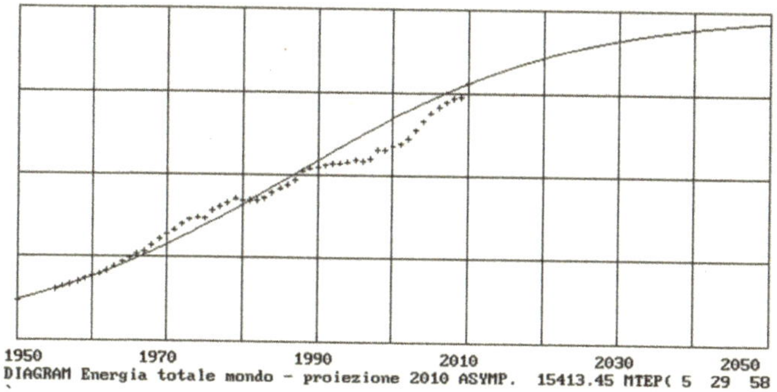

Figura 10.2 Consumo energia totale nel mondo: dati rilevati e curva logistica.

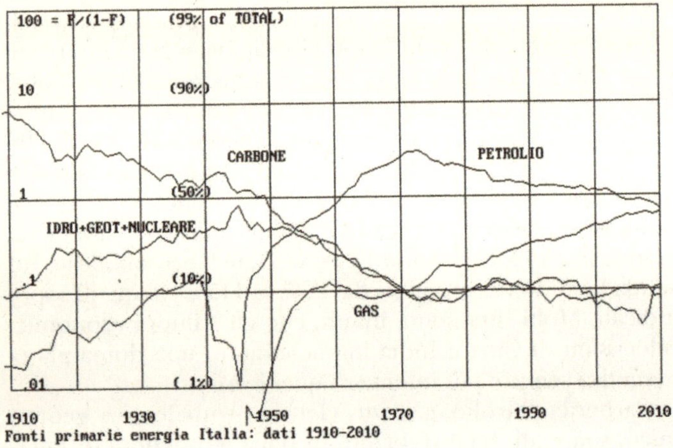

Figura 10.3 Ripartizione fonti primarie di energia in Italia.

sarà fornito in ugual misura da carbone e idroelettrico + geotermico.

Il consumo totale di energia in Italia è raddoppiato dalla metà degli anni Sessanta e, nel 2010, ha raggiunto 172 MTEP. Adattando alla serie dei consumi 1900-2010 un'equazione di Volterra, otteniamo una proiezione al 2050 di 209 MTEP. La Figura 10.4 mostra la logistica che meglio si adatta ai dati empirici dell'energia totale italiana.

La crescita dei consumi energetici, dunque, continua e in termini assoluti, rallenta. Però la quota percentuale calante del petrolio corrisponde negli ultimi 25 anni a una quantità assoluta che oscilla di poco intorno a 90 MTEP. L'aumento dei consumi di energia così previsto nel prossimo quarto di secolo implicherà problemi relativi alla disponibilità di risorse, oltre che agli impatti ambientali. Occorre analizzare e pianificare l'uso di risorse energetiche diverse dal petrolio.

Secondo le proiezioni precedenti l'incremento dei consumi italiani dal 2010 al 2050 dovrebbe essere quello riportato nella tabella che segue.

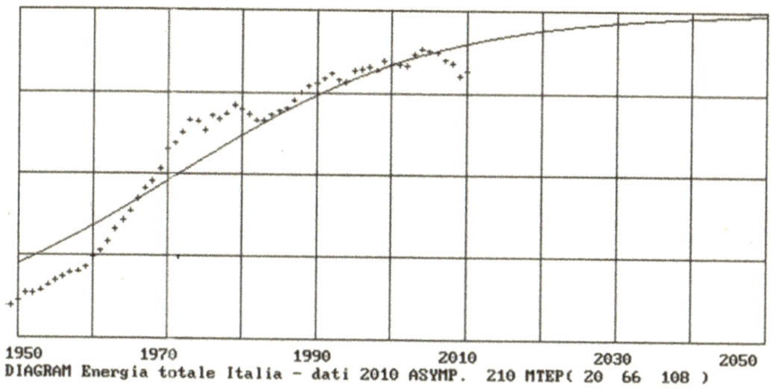

Figura 10.4 Energia totale consumata in Italia: dati rilevati e curva logistica.

Fonte	*petrolio*	*gas*	*carbone*	*idro + geot.*	*Totale*
2010	73 MTEP	68	14	17	172
2050	88 MTEP	90	16	16	210

Taluni considerano preoccupante questo aumento di circa il 26% nel ricorso ai combustibili fossili, costituito da 22 MTEP di gas e 15 MTEP di petrolio. Questo causerebbe un aumento eccessivo dell'effetto serra dovuto alla CO_2 prodotta. Ne conseguirebbe un aumentato riscaldamento globale con conseguenze ambientali insostenibili. La tesi è contenuta nel Protocollo di Kyoto del 1992. Tale documento, pur firmato da 154 Paesi (stilato nel 1997 ed entrato in vigore nel 2005), non contiene dati numerici, né cita analisi scientifiche di tali processi. Si limita ad affermare gratuitamente che sono le attività antropiche a causare riscaldamento globale modificando il clima terrestre. Le stesse conclusioni sono raggiunte dall'Intergovernmental Panel on Climate Change (IPCC) un organismo formato da un vasto gruppo di studiosi nominati da governi, le cui metodologie e le cui valutazioni sono criticate severamente da molti altri scienziati.

Analisi più accurate indicano che il riscaldamento dell'atmosfera ha cause primarie astronomiche alle quali conseguono un aumento dell'anidride carbonica atmosferica e un aumento dell'effetto serra (vedi R. Vacca, *Riscaldamento globale, effetto serra, clima futuro: analisi critica*, «SIPS Scienza e Tecnica», nn. 450-451, febbraio-marzo 2008, pp. 5-12.) Certo, anche se bruciare petrolio e metano non è davvero rischioso ai fini dell'impatto sul clima, queste sostanze sono alla base dell'industria petrolchimica e della plastica con utilità ben maggiore di quella ottenuta bruciandole. Inoltre esse sono soggette a rischi di approvvigionamento e a costi crescenti. Gli aumenti del prezzo del greggio sono drammatici. Misure efficaci da prendere, in ogni caso, consistono nello sviluppare energie alternative che evitino di bruciare combustibili fossili. Il conseguente impatto favorevole si avrà nei centri urbani sempre più grandi, popolati e numerosi, dove l'inquinamento dell'aria è più dannoso (CO, NOx, PM10). Sul lungo termine si avranno conseguenze favorevoli sulla struttura industriale e sulla sicurezza degli approvvigionamenti.

Ritorno al nucleare?

Per ridurre la dipendenza da fonti energetiche importate (soprattutto combustibili fossili), converrà ricorrere di nuovo all'energia nucleare. I dibattiti in merito, però, sono pervasi da considerazioni passionali e da disinformazione. In Italia le centrali esistenti sono state fermate. Quella di Montalto è stata convertita in termoelettrica dopo il referendum del 1987, i cui quesiti erano e sono largamente ignorati da opinione pubblica e dai media.

Le tecnologie a cui ricorrere per creare di nuovo un'industria e una produzione elettronucleare in Italia sono note. Il libro *Orizzonti della tecnologia nucleare in Italia* (a cura di E. Mainardi e U. Spezia, Associazione italiana nucleare, 21° Secolo, 2005) analizza la situazione alla luce dei progressi tecnologici degli ultimi due decenni. Le prospettive del nucleare in Italia sono incerte non per ragioni tecniche, ma per motivi di inadeguatezza culturale.

Per consentire ai decisori pubblici e privati di formulare piani di sviluppo razionali e realistici, occorre intraprendere una vasta operazione culturale che fornisca informazione corretta in termini semplici atti a raggiungere un vasto pubblico. In particolare, sono da illustrare i seguenti punti:

Referendum del 1987 – Non verteva sull'impiego del nucleare, né sull'eventuale opportunità di chiudere le centrali esistenti. I referendum in Italia possono solo essere abrogativi. Poneva quesiti che hanno ridato al Parlamento facoltà di scegliere i siti senza compensi ai Comuni interessati. Analogamente, il referendum del Giugno 2011 non sentenziò contro il nucleare. Abrogò solo una legge del 26/5/2011 che avrebbe permesso al governo, a partire dal Giugno 2012, di scegliere e realizzare una strategia energetica nazionale – non meglio identificata.

Sicurezza – Il disastro di Chernobyl ha provato che l'addestramento degli operatori è fattore vitale. A Chernobyl, con leggerezza inaudita e in assenza di esperti nucleari, ingegneri elettrotecnici tolsero le sicurezze dall'impianto e provarono se, in caso di distacco dalla rete, l'energia immagazzinata nei rotori dei turboalternatori fosse adeguata ad abbassare le sbarre di carburo di boro. Non lo era e l'impianto esplose. La catastrofe sarebbe stata meno grave se il reattore fosse stato contenuto in un guscio di acciaio come quelli statunitensi. Gli effetti dell'incidente alla centrale di Harrisburg (USA) furono contenuti da tale scudo e notoriamente non causarono vittime.

Spesso si sente dire: «Il nucleare è troppo rischioso: ha prodotto un disastro tremendo perfino in Giappone, il paese che usa alta tecnologia di qualità eccellente. Figurarsi che cosa accadrebbe in Italia col nostro pressappochismo».

Questo non è un ragionamento sensato. Alti livelli di sicurezza si garantiscono elaborando alberi di eventi (per analizzare le conseguenze di ogni possibile rischio). Si assicurano anche costruendo sistemi ridondanti: in caso di guasto ogni funzione è svolta da altre unità, per altre vie. Ma in Giappone è inaffidabile proprio la rete elettrica. Fu creata nel 1896 già suddivisa in due parti che hanno dimensioni poco diverse e sono restate separate e incompatibili fino a oggi. Quindi le centrali dell'Ovest (a 60 Herz) non coinvolte nel disastro dell'11 marzo 2011, non potevano e non possono essere collegate per alimentare le utenze dell'Est (a 50 Herz). In mezzo c'è una centrale di conversione di frequenza, ma la potenza massima che può trasformare da 60 a 50 Herz è meno di un GigaWatt, cioè la metà dell'un per cento della potenza totale. È una situazione assurda. Gli elettrotecnici anziani ricordano che le linee ferroviarie liguri-piemontesi fino alla guerra usavano corrente trifase (3000 Volt, 16 2/3 Hertz). Dopo la guerra tutte le ferrovie italiane usarono corrente continua a 3000 Volt – standard unico. I giapponesi sono in ritardo di oltre 60 anni. Fare energia nucleare o solo gestire l'energia di un paese in queste condizioni è rischioso – e rallenterà la ripresa dopo il disastro dell'11 marzo.

La gestione di grandi sistemi tecnologici non è una scienza esatta. Si giova anche di principi semplici. I giapponesi vantano il *kaizen* – tendenza al miglioramento continuo: operare ogni giorno meglio del giorno prima, innalzando qualità, sicurezza, funzionalità, semplicità di ogni impianto, ogni fabbrica, ogni prodotto. Parlano di «difetti zero» – e a ragione. La perfezione dei prodotti nipponici è proverbiale. Però hanno trascurato questi sani principi proprio nel settore dell'energia elettrica, in cui la rete rappresenta una ricchezza enorme. Rende disponibile l'energia ovunque sia richiesta e ovunque sia generata, esattamente ciò che in Giappone non avviene. Il principio del *kaizen* è stato disatteso anche nelle centrali nucleari di Fukushima. Furono costruite 40 anni fa: per modernizzarle erano disponibili 14.600 giorni (= 40 x 365). Invece sono rimaste alla tecnologia di mezzo secolo fa. Nelle centrali moderne la sicurezza è intrinseca: il raffreddamento non è affidato a circuiti di controllo che fanno partire motori, ma a fenomeni naturali come la dilatazione di metalli e la forza di gravità. L'eccellenza della qualità e della sicurezza non può essere solo vantata: va progettata, realizzata e controllata.

Nuove soluzioni – I timori riguardanti i rischi dovuti a centrali nucleari vengono discussi con riferimento alla struttura di centrali di molti decenni fa. A parte il fatto che quelle realizzate negli USA, Canada, Francia erano già molto più sicure di quelle russe, i progetti e le realizzazioni cui si mira oggi sono intrinsecamente sicuri. Gli interventi di sicurezza interna non avvengono in base al funzionamento di sistemi attivi (sensori e motori elettrici), ma per azione di forze naturali (gravità, dilatazione di elementi in bimetalli). Il reattore MARS è stato progettato all'Università di Roma e consiste di moduli da 200 MW elettrici, è componibile, cioè costituito da elementi flangiati sostituibili singolarmente in caso di usura o danneggiamento (anche da radiazioni). Quindi i tempi di costruzione sono drasticamente ridotti. La vita del MARS è praticamente illimitata riducendo le spese di smantellamento, citate come troppo onerose nei dibattiti correnti. Il costo e la produzione di scorie sono molto limitati.

Alternativa attraente è quella di passare a reattori di quarta generazione ad alta temperatura raffreddati a gas. Questi, oltre a essere più sicuri dei reattori ad acqua, possono raggiungere temperature di 1000 °C cui conseguono rendimenti termodinamici del 60% e la possibilità di produrre economicamente idrogeno per via termochimica. Ne furono realizzati prototipi negli USA e in Germania, ma si affermò già dai primordi la preferenza per i reattori ad acqua, molto più compatti e adatti a essere installati in sottomarini. A.S. Thompson ha documentato la storia del pesante coinvolgimento dell'Ammiraglio H.J. Rickover in quelle decisioni.

Tendenze attuali in altri Paesi – Con il metano molto più caro di 10 anni fa, ci sono 24 centrali elettronucleari in costruzione nel mondo (fra cui 8 in India, 4 in Russia, 3 in Giappone, 1 in Finlandia). La prima pietra della nuova centrale finlandese di Olkiluoto (la quinta del Paese) è stata posta il 12 settembre 2005. È un reattore EPR (ad acqua in pressione) della potenza di 1600 MW elettrici e del costo di 3 G€ (1.9 k€/kW). Negli USA 9 produttori di energia insieme a 2 costruttori, hanno costituito il consorzio NuStart («Ripresa») per progettare nuove centrali atomiche moderne, raffreddate ad acqua, ma a sicurezza passiva. La NRC (Nuclear Regulatory Commission) ha già approvato il progetto di una centrale Westinghouse da 1 GW. La General Electric ne progetta una da 1,5 GW.

Altre fonti di energia alternativa

Idroelettrico

Il potenziale idroelettrico mondiale ancora non sfruttato è di circa 1500 GW (equivalente a 1500 grandi centrali nucleari a fissione), che potrebbero produrre 40 EJ/anno in più. Gli impianti fattibili si dovranno costruire in luoghi remoti in Africa, Asia e Sudamerica e la potenza si dovrà trasportare a migliaia di kilometri in corrente continua a tensioni di oltre 1 MV. Sono noti i grandi programmi in corso, in particolare in Cina.

Di interesse europeo, e italiano, è la diga della Grande Inga sul fiume Congo che potrebbe produrre, secondo uno studio del prof. L. Paris, 30 GW per 8700 ore/anno, cioè 260 TWh/anno. L'apporto di tale energia, unito a quella idroelettrica e geotermica già disponibile, sarebbe tale non solo da soddisfare l'intera nostra domanda di energia elettrica, ma da consentire anche l'accumulo in laghi alpini e appenninici e l'esportazione a Paesi limitrofi. L'energia potrebbe essere trasportata in Italia su cavo sottomarino a ± 1 MV in corrente continua, della lunghezza di circa 8000 km. Le perdite nel cavo sarebbero di circa il 15%. Il costo dell'impianto della grande Inga, valutato verso il 1980, ammontava a circa 100 TL e includeva il cavo sottomarino. Ai livelli attuali il costo dell'impianto dovrebbe essere dell'ordine di 180 G€. Occorrerebbe ovviamente ricalcolarlo tenendo conto dei progressi tecnologici e dell'ipotesi di usare come vettore l'idrogeno invece di elettricità via cavo.

Solare fotovoltaico

Il solare fotovoltaico darebbe un contributo decisivo, se si raggiungessero rendimenti molto maggiori degli attuali. Ciò si otterrebbe usando rectenne, nanotubi di carbonio inclusi in polimeri. Il massimo teorico del 93% fu determinato nel 1977 da P.T. Landsberg. Oggi la tecnologia è studiata da Martin Green all'Università del South Wales (Australia) utilizzando film sottili avanzati di terza generazione. Finora si sono ottenuti rendimenti del 35%. Si spera di conseguire rendimenti dell'80%, con un costo di produzione di 0,2$/watt. Si tratta di tecnologie avveniristiche per realizzare le quali occorrono sforzi di ricerca notevoli. Se si raggiungesse un rendimento del 75%, l'energia prodotta dai 57 GW termoelettrici (che funzionano in media per 4000 ore/anno) potrebbe essere prodotta da centrali fotovoltaiche con potenza di 115 GW funzionanti 2000 h/anno. L'area occupata sarebbe di 115 km^2 e l'investimento di 200 G€: sono cifre plausibili, mentre non lo sarebbero i 575 km^2 e l'investimento di 1000 G€ che sarebbero necessari allo stesso scopo con i rendimenti attuali.

Intanto si stanno realizzando impianti a tecnologia più modesta, ma ugualmente interessanti.

Matthew Orosz e Harold Hemond, professore di ingegneria civile e ambientale al MIT, hanno realizzato un cogeneratore solare di elettricità e calore riciclando parti di auto. Un prototipo a basso costo è in funzione in Lesotho, realizzato nel quadro di attività del Peace Corps. La radiazione solare è concentrata da alcune parabole, ciascuna con superficie di 15 m^2, su tubi in cui scorre olio per auto. L'olio passa a uno scambiatore scaldando un refrigerante che vaporizza e muove una turbina connessa a un alternatore. Il refrigerante viene raffreddato producendo acqua calda in un secondo scambiatore e poi, in un secondo stadio, raffreddato ulteriormente da acqua potabile estratta da pozzi. La pompa dell'olio usata è quella di un servosterzo. L'alternatore è quello che carica la batteria nell'auto. L'impianto genera 1 kW di energia elettrica e 10 kW termici. Costa 2000 $, cioè meno della metà di un generatore fotovoltaico da 1 kW. Le parabole sono munite di un sistema che le orienta di continuo verso il sole. Ulteriori studi e miglioramenti saranno finanziati dalla Banca Mondiale.

Michael Graetzel del Politecnico di Losanna realizzò nel 1991 un prototipo di cella fotovoltaica molto meno costosa di quelle a silicio cristallino e atta a produrre un potenziale elettrico anche in condizioni di scarsa intensità della radiazione incidente. Le celle erano basate sull'impiego di biossido di titanio (che normalmente viene eccitato a produrre un potenziale solo nella gamma dell'ultravioletto) modificato per mezzo di speciali tinture, in modo da renderlo attivo su tutto lo spettro. Ora la tecnologia è stata raffinata e resa più efficiente utilizzando nanostrutture di TiO_2. Si ottengono così vari vantaggi: rendimenti elevati anche a basse temperature e con radiazione scarsa; possibilità di montare i materiali fotosensibili su vetro sfruttando anche finestre; riduzione di costo del watt installato di 4 o 5 volte (rispetto alle tecniche basate su silicio cristallino); possibilità di montare le celle anche su tessuti come tende o indumenti militari. Il programma viene sviluppato dalla Konarka, attualmente in grado di produrre celle fotovoltaiche per 1 megawatt/anno. È in programma un impianto da 20 MW.

Eolico

Nel 2011 l'Italia era al terzo posto in Europa per la potenza installata con aeromotori (5,8 GW, dopo Germania con 27,2 GW e Spagna con 20,7 – Francia 5,6, UK 5,2). L'energia elettrica prodotta, però, è solo lo 0,5% del totale. I costi di impianto non sono alti (1k€/kW), ma il coefficiente di utilizzazione è solo del 25%: si conta in media su 2.200 ore/anno. Non possiamo attenderci, quindi, contributi apprezzabili da questa fonte.

Biocarburanti

In Brasile come carburante si usa molto l'etanolo (puro o miscelato con benzina) prodotto a partire dalla canna da zucchero, sfruttando mano d'opera a basso costo. Invece finora negli USA non si è diffuso tale impiego a causa dell'alto costo, ma sta crescendo la produzione a partire da cereali. Ora il prof. Gregory Stephanopoulos del MIT sta riuscendo a migliorare la produttività dei microbi (per esempio, *e.coli*) che convertono biomasse in etanolo, mediante interventi di ingegneria genetica che aumentano la loro tolleranza all'etanolo stesso. La tecnologia si chiama TME (Transcriptional

Machinery Engineering). Il processo inizia con la triturazione di steli e foglie di erbe non altrimenti utilizzabili. Si usano, poi, enzimi, per sezionare la cellulosa fino a produrre zuccheri che i batteri possono digerire e convertire in alcol. «Technology Review» sostiene che negli USA si potrebbero produrre ogni anno 1.38 Gton di biomassa da convertire in carburante ottenendo circa 140 G litri di carburante corrispondenti a un terzo del fabbisogno attuale.

Energia da rifiuti

Nel 2010 la contea di St. Lucie, Florida, ha deciso di installare un impianto per produrre energia da rifiuti solidi urbani. Occuperà un'area di 4 ettari e costerà 85 M$. Impiegherà archi a plasma alla temperatura di 5500°C per trasformare 600 tonnellate/giorno di materiali, accumulati dal 1978 in una discarica contenente 4,3 milioni di tonnellate. L'impianto produrrà una potenza elettrica di 24 MW oltre a circa 600 tonnellate al giorno di materiale di consistenza rocciosa atto a essere usato nella costruzione di strade e edifici, mentre una frazione notevole sarà vaporizzata negli scarichi di turbine a gas producendo quantità di ossido di zolfo e di particolati molto inferiori a quelle prodotte negli inceneritori. Secondo il costruttore dell'impianto, Geoplasma del gruppo Jacoby Development Inc. (e consociata con il Georgia Institute of Technology, Hitachi Metals e Westinghouse), questa nuova tecnologia dovrebbe eliminare tutte le discariche. Sperano di recuperare l'investimento iniziale nel corso di 20 anni vendendo energia elettrica e materiale da costruzione. L'Associazione nazionale USA di Management dei rifiuti solidi urbani (N-SWMA) ha manifestato scetticismo riguardo alla possibilità che questa tecnologia possa eliminare la necessità di usare discariche. Secondo i costruttori l'adozione generale della tecnologia negli USA produrrebbe energia equivalente a quella di 25 centrali nucleari, sfruttando i 250 milioni di tonnellate di rifiuti solidi prodotti ogni anno.

Combustibili fossili

Anche se l'ulteriore ricorso a combustibili fossili non allevierebbe gli impatti ambientali, un più intenso sfruttamento di giacimenti in via di esaurimento e ulteriori ritrovamenti potranno fornire una maggiore sicurezza di approvvigionamento e risolvere i problemi del medio periodo.

Petrolio

Quando un giacimento petrolifero si considera esaurito, in effetti conserva ancora i due terzi del contenuto originale. Si ritiene che un terzo di tale contenuto iniziale non sia estraibile perché aderisce ai granuli dell'arenaria che lo alberga. Per estrarre percentuali crescenti di greggio si iniettano nei giacimenti acqua, vapore o anidride carbonica, ma sono procedimenti costosi. Secondo il prof. Nafi Tosköz del Massachusetts Institute of Technology, si possono ottenere maggiori successi migliorando le tecniche di rilevamento e mappatura dei giacimenti. Conoscendone la struttura tridimensionale, si può rendere più efficace l'iniezione d'acqua o vapore evitando che i fluidi immessi fuoriescano direttamente senza interessare il greggio. A tal fine è necessario affinare i sistemi sismografici, installando un maggior numero di sensori anche in profondità e divisando algoritmi più efficaci per distinguere i segnali dal rumore. Il prof. Jefferson Tester del MIT studia anche tecnologie innovative basate sull'impiego di perturbazioni acustiche ed elettromeccaniche e anche di microbi che spezzino le lunghe catene di polimeri del petrolio più pesante in frazioni più corte e leggere.

Recentemente ricercatori dell'Università di Queens (Ontario) hanno prodotto un composto saponoso per rendere più produttivi i processi di recupero facilitando la formazione di emulsioni. Il prof. Philip Jessop ha impiegato una amidina per produrre le emulsioni facilmente estraibili dai giacimenti. Tale sostanza deve poi essere separata dal petrolio e possibilmente riusata. Ciò si è ottenuto, senza usare calore né altre sostanze chimiche (come accadeva con emulsionanti tradizionali), iniettando amidina e acqua nei pozzi, estraendo l'emulsione e, quindi, facendo gorgogliare anidride carbonica nella miscela: con il che l'amidina è disattivata e il petrolio viene estratto. Per riattivare l'amidina mista ad acqua, si elimina l'anidride carbonica mediante intensi getti d'aria. Il costo dell'amidina è abbastanza elevato, ma il processo appare conveniente, dato l'attuale livello del prezzo del petrolio. Le attrezzature usate finora per i recuperi non hanno bisogno di essere modificate per utilizzare il nuovo processo. Jessop confida che il processo potrà, forse, essere usato anche per estrarre petrolio dagli scisti bituminosi molto abbondanti in Canada.

Il 5 settembre 2006 il consorzio di Chevron, Devon e Statoil ha annunciato l'inizio della produzione (di 6000 barili/giorno) da un pozzo petrolifero a 280 km dalla costa nel Golfo del Messico. Il fondo è alla profondità di oltre 2 km e la trivella ha continuato a funzionare fino a scendere di 8,6 km, un record. Alla notevole pressione esistente a quella profondità sono stati anche praticati fori addizionali sul tubo del pozzo aventi la funzione di aumentare la portata. Si ritiene che questo nuovo giacimento potrà superare la produttività di quello canadese di Prudhoe Bay, facendo crescere del 50% le riserve USA. L'unità in superficie è costituita da una piattaforma ancorata, il che consente un risparmio nei costi di circa il 15% rispetto alla soluzione che sfrutta una nave, mantenuta in posizione mediante un sistema di eliche multiple. Il costo di una ricerca di questo tipo si aggira sui 100 M$. Sono ancora allo studio i sistemi per il trasporto del petrolio dalla piattaforma alle raffinerie sulla terraferma. Le alternative sono: un avvicendamento di petroliere o un oleodotto. La seconda soluzione non è mai stata realizzata ancora in queste condizioni.

Nel febbraio 2010 la piattaforma Deepwater Horizon aveva perforato il pozzo più profondo del mondo: 10.685 metri in località Macondo nel Golfo del Messico, dove il mare è profondo 1500 metri. Il 20 aprile 2010 la piattaforma esplose e si incendiò provocando una tempesta di fuoco che uccise 11 persone e ne ferì 17 – fra le 126 a bordo. I tentativi di neutralizzare il disastro fallirono e la piattaforma affondò due giorni dopo: spegnendo l'incendio. Nei quattro mesi seguenti furono disperse un mare 668.000 tonnellate di greggio – la più grande fuoriuscita da un pozzo offshore, che causò danni ecologici enormi. Per evitare disastri simili una Commissione di Inchiesta redasse il documento: *Programma di sviluppo della leadership per le trivellazioni in acque profonde*, che raccomandava di revisionare e rendere più stringenti:

- le specifiche di progetto di: elementi in cemento, valvole di chiusura telecomandate, tubazioni;
- le prescrizioni di test e controlli dei pozzi;
- la definizione dei ruoli operativi e delle responsabilità del personale;
- la definizione delle misure da prendere se i risultati eccedono i limiti prestabiliti;
- programmi di addestramento e criteri di qualificazione del personale.

Per vari mesi le trivellazioni offshore furono proibite, ma il 12 ottobre 2010 la moratoria è stata revocata. A parte i regolamenti, è sperabile che le conclusioni del rapporto siano tenute presenti anche dai progettisti di altre strutture che comportano rischi importanti.

Gas

Negli anni Ottanta l'astrofisico americano prof. Thomas Gold propose la teoria secondo cui petrolio e gas naturale hanno origine a profondità di kilometri nella crosta terrestre, dove fra l'altro sono presenti massicce quantità di vita batterica ad alta temperatura. Come già anticipato da Arrhenius e da Mendeleev, quindi, l'origine di vari combustibili fossili non sarebbe da cercare in processi di fotosintesi avvenuti in superficie. Il metano fuoriesce in corrispondenza di fessure sui fondali oceanici e sulla superficie terrestre. Si è osservato che queste ultime sono spesso situate in sequenze circolari che potrebbero corrispondere ai bordi di aree di antichi impatti di grandi meteoriti. Ricerche in questa direzione sono state condotte dal fisico Cesare Marchetti (vedi cesaremarchetti.org). Recentemente la ricerca di probabili siti di tali impatti è stata facilitata dalla disponibilità on line di riprese da satellite, per esempio, su www.googlemaps.com, Google Earth, NASA World Wind. Si possono avere dati su siti già noti di impatti di meteoriti accedendo al data base dell'Università di Brunswick (USA) o al sito http://www.impact-structures.com curato da Kord Ernston dell'Università di Würzburg e Fernando Claudin del Museo geologico di Barcellona.

Energia dai vulcani

L'Italia è il Paese europeo più ricco di vulcani, ma la notevole energia termica del magma non è mai stata sfruttata. Invece in Islanda sono stati investiti 20 M$ nell'impresa di trivellare fori fino al magma di un vulcano attivo. L'energia geotermica producibile dovrebbe essere 10 volte maggiore di quella di una centrale geotermica tradizionale. Già ora in Islanda la produzione di energia geotermica, molto diffusa, sfrutta vapore a 240 °C estratto a profondità di 600-1000 metri ed è utilizzata anche per riscaldamento e usi domestici nella maggioranza delle abitazioni. L'iniziativa, «Iceland Deep Drilling Project», è diretta da Omar Friedleifsson del Geosurvey islandese. Finora è stata raggiunta la profondità di 3 km e si procede verso i 4 km. Si prevede che ogni sito produca 50 MW. La produzione di energia eccederà probabilmente la domanda interna: è prevista la produzione di idrogeno liquido esportabile via mare. L'Islanda diverrebbe, così, una specie di Kuwait del Nord. Sarebbe interessante tentare soluzioni simili presso i numerosi vulcani italiani. Attualmente l'energia elettrica di origine geotermica prodotta è di 170 MW in Islanda, di 800 MW in Italia, 1900 nelle Filippine e 2800 negli USA.

Il risparmio

Le lampade fluorescenti compatte con attacco standard da 15 W fanno luce quanto quelle a incandescenza da 75 W, durano 6000 ore invece di 1000 e in Italia costano circa 6 € (novembre 2011). Ciascuna consente un risparmio annuale di poche decine di euro: non hanno avuto grande diffusione, sebbene l'Enel e le municipalizzate ne regalino agli utenti alcuni esemplari. La situazione cambierà specie per le aziende, come sta par accadere negli USA. La catena di supermercati WalMart ha calcolato che i 10 modelli di ventilatori da soffitto, ciascuno con 4 lampade esposti nei loro 3230 punti vendita consumano ogni anno 36 milioni di kWh. Riducendo i consumi dell'80% risparmierebbero 6 M$/anno. Hanno preso accordi con General Electric e Philips per produrre in massa fluorescenti compatti che durino 12.000 ore e costino 1,6 $ l'uno. Ne useranno circa un milione di unità nei loro mercati e confidano di venderne 100 milioni nei prossimi 12 mesi. I risparmi per famiglia non saranno enormi, anche se si riduce il prezzo e aumenta la durata, ma quelli delle aziende potranno essere consistenti, incidendo in misura non trascurabile sul risparmio nazionale e sulla riduzione delle importazioni di gas e petrolio.

Gestione innovativa delle reti elettriche

Negli anni Settanta la General Electric sperimentò a Schenectady una struttura di tariffe aggiustate in tempo reale. Il kWh aveva prezzo più alto non in certe ore prefissate, ma quando la domanda era maggiore. Un semplice sistema telematico permetteva ai grandi utenti di proiettare e ottimizzare i consumi ricorrendo a un brokeraggio con i produttori. L'obiettivo era quello di spianare i picchi di consumo. Ora il Pacific Northwest National Laboratory (PNNL) di Richland, Washington, ha iniziato il progetto GridWise (Retefurba) che si propone lo stesso obiettivo citato della General Electric, utilizzando Internet. Le utenze anche domestiche ricevono segnali relativi al prezzo corrente del kWh e anche dati sulla stabilità della rete. Gli utenti possono programmare il loro uso dell'energia mirando al risparmio, ma stabilendo anche le proprie esigenze inderogabili. Il produttore aggiorna il prezzo del kWh ogni 5 minuti. Allo stesso tempo, alcuni tipi di utenze (anche domestiche) ricevono segnali relativi alle variazioni di frequenza di rete. Qui si tende a prevenire l'instabilità della rete dovuta a sovraccarico. Appositi circuiti di controllo provvedono allora automaticamente in vari modi a ridurre la potenza assorbita da ogni utenza. Si ritiene che il risparmio per gli utenti potrà essere notevole, mentre la regolazione automatica dei carichi dovrebbe rendere meno probabili i blackout. Si confida che future reti intelligenti (*smart grid*), oltre a fornire informazioni a utenti e gestori, potranno anche rivelare in tempo reale guasti e anomalie ed eventualmente provvedere automaticamente a commutare certe utenze da una parte della rete a un'altra.

* * *

Abbiamo passato in rassegna molte soluzioni tecniche e organizzative mirate a razionalizzare gli impieghi energetici, al risparmio, all'uso di tecnologie avanzate. Nessuna di queste può da sola risolvere i problemi di approvvigionamento e di protezione del territorio e dei suoi abitanti. Soluzioni pragmatiche si possono ottenere integrando fra loro tecnologie disponibili con quelle innovative. È necessario, però, che il pubblico capisca i problemi e possa contribuire a risolverli mediante comportamenti più costruttivi e movimenti di opinione che spingano i decisori pubblici e privati in direzioni positive e promettenti.

11. LA LUCE E LA SUA LUNGHEZZA D'ONDA

Il mondo ci apparirebbe ben diverso se fossimo sensibili alle onde radio invece che a quelle luminose, sonore e termiche.

Possiamo immaginare che esseri umani capaci di ricevere trasmissioni radio vivrebbero oggi in una confusione continua di segnali, con tutte le stazioni radio che ci sono. Nell'antichità, invece, avrebbero vissuto sentendo solo le scariche elettriche atmosferiche e, forse, sarebbero stati capaci di prevedere i temporali. Il vantaggio sarebbe stato scarso: la loro capacità di sopravvivenza non sarebbe aumentata. Quindi, se mai ci sono stati, i loro discendenti non sono sopravvissuti.

Noi siamo sensibili alla luce e ci domandiamo ancora di che cosa sia fatta.

Pare che Leonardo da Vinci all'inizio del XVI secolo avesse intuito che la luce era costituita da onde. Il concetto fu precisato meglio dal gesuita bolognese Francesco Grimaldi alla metà del XVII secolo.

Solo nel 1678 Christian Huygens fece un primo calcolo della velocità della luce in base a misure astronomiche. Concluse che viaggiava a 212.000 km/s. Sbagliava in difetto di circa il 30%. Nel 1849 Hyppolite Fizeau calcolò la velocità della luce in 300.000 km/s, molto vicino al valore attuale di 299.792.474 m/s.

All'inizio del XVIII secolo Newton scrisse un famoso libro di ottica che segnò un progresso notevole (come quasi tutte le sue opere) e sosteneva la teoria corpuscolare.

Sono vere tutte e due le spiegazioni. La luce è fatta di particelle – i fotoni – ed è fatta di onde: siamo indotti a decidere che si comporta in un modo o nell'altro a seconda degli esperimenti che facciamo.

Non proverò nemmeno a descrivere più chiaramente questa strana situazione. Mi limito a dire che vale la stessa cosa per gli elettroni che possono essere interpretati come particelle o come onde a seconda degli esperimenti che vengono fatti (come già accennato nel Capitolo 9). La ragione è che cerco di mantenere questo libro a un livello semplice: ma già impadronendosi di strumenti semplici si capiscono molte cose. Per quelle più complicate, c'è da studiare assai di più. Se sono riuscito a trasmetterti il desiderio di saperne di più, potrai informarti su altri libri e in altri modi.

Qui dico solo alcune semplici cose sui fotoni. Quando stanno fermi, non hanno massa e non si possono osservare. Quando si muovono, viaggiano alla velocità della luce e hanno un'energia proporzionale alla frequenza ν (come ho già detto nel quinto paragrafo del Capitolo 9, questa è la lettera greca «ni») della radiazione corrispondente (quindi i fotoni della luce viola hanno un'energia più alta di quelli della luce rossa). L'energia di un fotone è:

$$E = h \nu$$

dove h è la costante di Planck ($6{,}6\ 10^{-34}$ kg · m^2/s). Questa espressione dell'energia di un fotone deriva dalla teoria dei quanti di cui riparleremo un po' più estesamente (ma neanche tanto) nel Capitolo 13.

Ora parlerò della luce come di un fenomeno ondulatorio: dopo tutto, può essere descritta anche così (anche se i fotoni sono particelle). Quello che dirò vale per le onde sulla superficie di un lago o del mare, per le onde elettromagnetiche, per la luce e per le oscillazioni di molle e pendoli (come già avevo annunciato all'inizio del libro).

Quando vediamo dalla riva le onde del mare che vengono da lontano, si avvicinano a noi e poi si frangono sui fondali bassi o sugli scogli, siamo soggetti in effetti a un'illusione ottica. Sembra che le molecole d'acqua che stanno al largo prima dei frangenti, si avvicinino a noi ondeggiando, ma non è così. Ho provato a chiedere a parecchie decine di persone (anche colte) di mostrarmi con un dito la traiettoria che ritengono sia seguita da una particella d'acqua sulla superficie del mare ondoso. La maggioranza degli intervistati ha mosso l'indice secondo il profilo di un'onda (una sinusoide) partendo da lontano e avvicinandolo a sé. Invece in effetti le molecole d'acqua si muovono verticalmente – su e giù – le une dopo le altre obbedendo a una stessa legge, ma non si avvicinano affatto a noi.

Non ti chiedo di aver fede in questa mia affermazione. Puoi rendertene conto se getti un tappo di sughero a una buona distanza dalla costa e dai frangenti. L'onda passa e il tappo va su e giù senza avvicinarsi a riva. Puoi fare osservazioni simili restando a galla fra le onde accanto a una boa ancorata al fondo. Tu non sei ancorato, ma come la boa vai su e giù e non ti allontani da essa (purché non ci sia corrente).

L'acqua del mare in effetti si avvicina alla riva e ci si proietta anche violentemente quando l'onda si frange. Se le onde sono alte rispetto alla profondità dell'acqua, non hanno altra acqua a cui trasmettere la perturbazione. Vanno a costituire come un muro d'acqua che non ha sostegno verso terra e, quindi, crolla verso riva. Quindi l'acqua viene notoriamente risucchiata verso il largo e va a formare un'altra onda che si frangerà di nuovo.

Tracciamo un diagramma per una di queste particelle che sta sulla superficie del mare. Riportiamo in ordinate le posizioni verticali occupate nel tempo e in ascisse il tempo. Il diagramma che costruiamo è quello in alto della Figura 11.1: è una sinusoide. Se chiamiamo x lo spostamento verticale della molecola considerata, l'equazione del suo moto in funzione del tempo t è:

$$x = A \text{ sen } (2 \pi t/T)$$

ove A (in metri) è la metà dell'escursione totale della molecola, T è il periodo dell'oscillazione, cioè è il tempo che intercorre fra un istante in cui la particella occupa la sua posizione più alta e l'istante seguente in cui, dopo essersi abbassata, torna a occupare la posizione più alta. La posizione zero sul diagramma è quella intermedia fra il punto più alto e quello più basso: essa viene occupata quando $t = 0$, quando $t = nT/2$ e quando $t = nT$ (con n intero).

L'angolo $(2\pi t/T)$ (che si chiama «fase» o «angolo di fase») è l'argomento, cioè la variabile da cui dipende la funzione seno che appare nella formula vista poco sopra. Il diagramma sinusoidale in alto nella Figura 11.1 si può costruire nel modo seguente.

Immaginiamo un segmento OP lungo quanto l'ampiezza A dell'onda sinusoidale, che ruota intorno al punto O (l'origine degli assi nella Figura 11.1) e che impiega il tempo T a compiere un giro intero. (Questo vuol dire che gira alla velocità $\nu = 1/T$ giri/s.) All'istante $t = 0$ il segmento OP è orizzontale e la proiezione del suo estremo P sull'asse verticale (delle ordinate) nella Figura 11.1 coincide con O. Via via che il segmento ruota, la proiezione di P sull'asse verticale sale e raggiunge il valore OP dopo un tempo T/4, quando l'angolo di fase $(2\pi t/T)$ assume il valore

$$(2\pi (T/4)/T) = \pi/2 = 90°$$

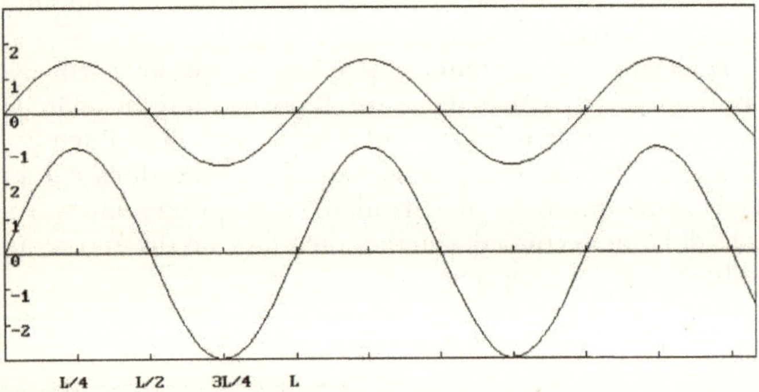

Figura 11.1 Due onde in fase e loro somma.

Se riportiamo i valori delle distanze da O delle proiezioni del punto P in funzione della fase ($2 \pi t/T$), otteniamo proprio il diagramma in alto della Figura 11.1. Quando $t = T$, la fase è uguale a 2π.

Dicevamo, dunque, che le molecole d'acqua vanno solo su e giù. Quella che viaggia verso di noi è la perturbazione, cioè il fatto che le molecole oscillano armonicamente perturbando quelle adiacenti che si mettono a oscillare anche loro nello stesso modo una dopo l'altra. Possiamo misurare la velocità a cui la perturbazione (il moto ondoso) si avvicina alla spiaggia: la chiamiamo V (e la misuriamo naturalmente in m/s). Se moltiplichiamo la velocità V per il periodo T, otteniamo la lunghezza L [$L = V T$], che si chiama lunghezza d'onda e che è la distanza in metri fra la cresta di un'onda e la cresta dell'onda seguente.

Supponiamo che sia $A = 1{,}5$ m, che il periodo sia $T = 6$ s e che la lunghezza d'onda sia di 10 m. Allora la velocità di traslazione della perturbazione ondosa è

$$V = L/T = 10 \text{ m}/6 \text{ s} = 1{,}666 \text{ m/s} = 6 \text{ km/h}$$

Osserva che sul diagramma ho riportato in ascisse la lunghezza d'onda L, invece del periodo T. Così ho rappresentato la forma delle onde che vediamo. Qui la velocità V è costante, per cui lunghezza d'onda e periodo sono legati dalla relazione $L = V T$ e il diagramma ha la stessa forma sia in funzione delle distanze nella direzione di propagazione delle onde, sia in funzione del tempo in un punto dato e, quindi, della fase ($2 \pi t/T$) che è proporzionale al tempo t.

Ora, se accade che due perturbazioni si trasmettano a uno specchio d'acqua inizialmente calmo, le molecole di questo saranno influenzate sia dalla prima sia dalla seconda perturbazione. Andranno su e giù di quantità che corrispondono alla somma algebrica di quelle dovute alle due perturbazioni. Se le due perturbazioni hanno periodo e ampiezza diversi, le conseguenze si possono calcolare, ma non sono calcoli semplici: qui non ce ne occupiamo. Se, invece, il periodo è lo stesso, i calcoli sono più semplici, quasi intuitivi. Vediamo come funzionano. Il caso più semplice di due perturbazioni (moti ondosi) che abbiano lo stesso periodo si verifica quando uno stesso moto ondoso si divide in due a seguire percorsi diversi. Ecco come.

Se c'è un molo parallelo alle onde e questo molo ha due aperture, le onde perturberanno lo specchio d'acqua retrostante in funzione di due perturbazioni identiche ciascuna delle quali, però, dalla sua apertura si diffonde dietro il molo in tutte le direzioni. Nei punti dello specchio dietro il molo che sono a uguale distanza dalle due aperture, le perturbazioni giungono avendo la stessa fase e causano, quindi, un'oscillazione delle particelle che è doppia di quella originaria. Il diagramma che si ottiene è quello in basso nella Figura 11.1: le oscillazioni sono in fase con quelle originali e l'ampiezza è doppia (i due diagrammi delle due perturbazioni identiche sono ambedue rappresentati da quello in alto nella Figura 11.1): coincidono.

In altri punti, invece, la distanza dalle aperture è diversa. Dunque le perturbazioni non sono più sincrone come nella Figura 11.1.

Se la distanza da una delle due aperture differisce di un quarto della lunghezza d'onda dalla distanza dall'altra, le due onde arrivano sfasate e sono rappresentate dai due diagrammi in alto nella Figura 11.2.

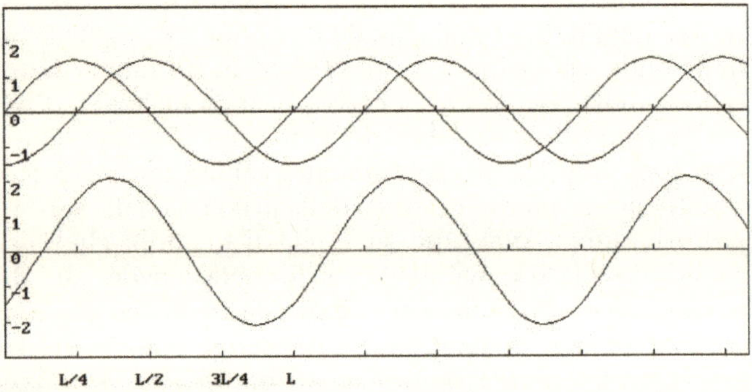

Figura 11.2 Due onde sfasate di L/4 e la loro somma.

Il diagramma in basso nella Figura 11.2 rappresenta il moto delle molecole così influenzate. L'ampiezza risultante non è più il doppio dell'ampiezza originale, ma è di meno.

Come si vede dal diagramma, il massimo positivo si ha ai 3/8 del periodo della prima onda e l'ampiezza è uguale a quella originaria (che è anche qui 1,5) moltiplicata per 1,4142136 (che è la radice quadrata di 2, il che dipende dal fatto che i 3/8 del periodo corrispondono a un valore della fase della prima onda di 135° e della fase della seconda di 45° e che sen 135° = sen 45°= $\sqrt{2}/2$), cioè l'ampiezza del diagramma inferiore è 2,12. Il periodo non cambia e la fase è intermedia fra quella delle due perturbazioni.

Se le distanze di un punto dalle aperture del molo differiscono di 7/16 della lunghezza d'onda, allora i due diagrammi delle perturbazioni indotte sono quelli rappresentati nella parte superiore della Figura 11.3. Nella parte inferiore della stessa figura è rappresentata la perturbazione risultante: come si vede, è molto piccola. Il periodo è sempre lo stesso e la fase è intermedia.

Infine nei punti in cui le distanze dalle due aperture nel molo differiscono di mezza lunghezza d'onda, le due perturbazioni sono in controfase, cioè una ha valori positivi identici ai valori negativi dell'altra. Quindi la somma dei lo-

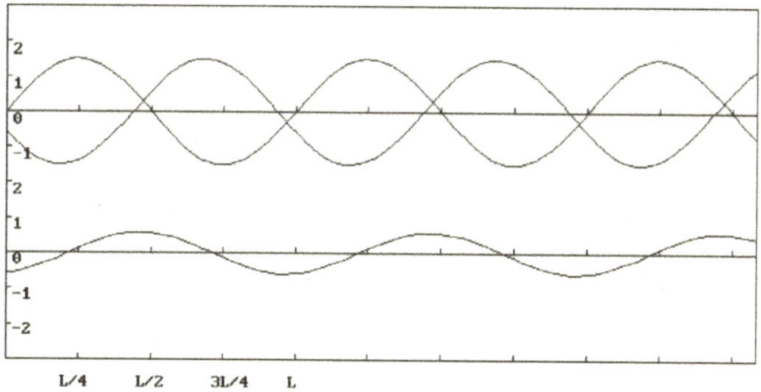

Figura 11.3 Due onde sfasate di 7L/16 e la loro somma.

ro effetti è zero e i punti stessi sono in quiete: non oscillano affatto. La situazione è rappresentata nella Figura 11.4.

Queste considerazioni e i calcoli che ho esposto sono giusti. Però se vai a controllare le onde del mare o di un lago, troverai difficile constatare che le cose vanno proprio come le ho raccontate. Questo dipende dal fatto che le onde così regolari come quelle che ho descritto sono rare. Spesso sono anche disturbate dalla presenza di correnti. Le onde che troviamo in realtà dipendono dal vento e dalle oscillazioni indotte nell'acqua in tempi precedenti. Quindi non hanno tutte lo stesso periodo e variano in tanti modi diversi. Anche i moli paralleli alla costa e alle onde sono rari e raramente presentano due aperture piccole e nette, tali da permettere le osservazioni dei fenomeni che ho descritto.

Le interferenze fra onde dello stesso periodo e della stessa ampiezza si chiamano diffrazioni. Si verificano nelle acque in condizioni ben controllate, per esempio realizzate con una struttura accuratamente predisposta in un laboratorio.

Le interferenze si verificano anche con le onde sonore. Se in una certa area si propagano i suoni prodotti da due sorgenti identiche, muovendoci troviamo il silenzio in certi punti e un suono amplificato in altri. Su questo principio sono stati anche costruiti silenziatori per motori e compresso-

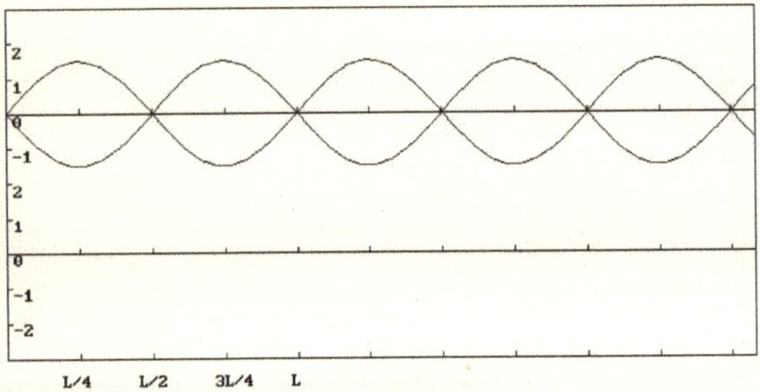

Figura 11.4 Due onde in controfase: la loro somma è zero.

ri d'aria rumorosi. Questi silenziatori generano suoni e rumori in controfase con quelli prodotti e con la stessa intensità. In questo modo a breve distanza dal generatore di rumore (munito di silenziatore) non si sente quasi più niente.

Diffrazione e interferenza si verificano anche con le onde luminose e con le onde elettromagnetiche in modi del tutto simili a quelli che ho descritto per le onde nei fluidi. Sui libri di testo potrai vedere come.

Come gli antichi avrebbero potuto calcolare la lunghezza d'onda della luce (misurando solo lunghezze)

Qui illustrerò un esempio di diffrazione della luce che chiunque può osservare in una giornata di sole. Se segui queste semplici considerazioni, vedrai come si possa calcolare la lunghezza d'onda della luce senza usare strumenti tranne un regolo per misurare distanze. Naturalmente il calcolo è approssimato: fornisce solo un ordine di grandezza. È interessante, però, che anche gli antichi avrebbero potuto eseguire questo calcolo semplicemente accettando l'ipotesi che la luce fosse costituita da onde di forma sinusoidale. Gli unici strumenti matematici necessari sono: la trigonometria (già nota da due secoli prima della nostra era) e il teorema di Pitagora (noto da epoca ancora più antica).

Supponiamo che la luce del sole colpisca una fessura di ampiezza h, posta a distanza s da una superficie su cui vedremo la luce che così perviene.

La situazione è rappresentata schematicamente nella Figura 11.5.

I raggi del Sole in figura vengono da sinistra. Nel punto P arriva la luce diretta che percorre una distanza s. Arriva anche la luce diffratta dall'altro bordo della fessura e questa percorre una distanza maggiore s + d. Per il triangolo rettangolo ABP con cateti h e s, che in P incontra l'ipotenusa (s + d), vale, quindi, il teorema di Pitagora che scriviamo:

$$(s + d)^2 = h^2 + s^2$$

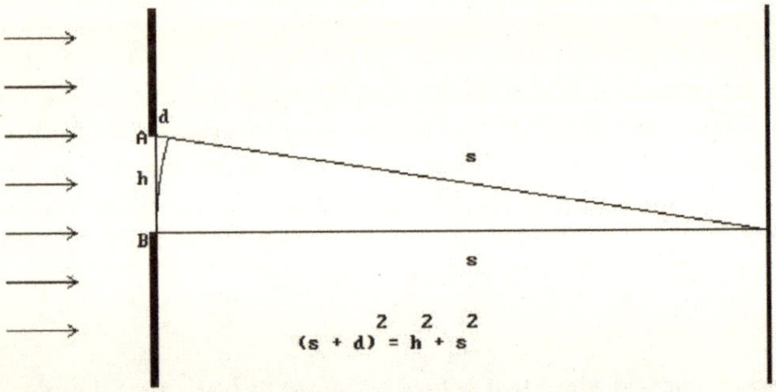

Figura 11.5 Diffrazione della luce solare.

sviluppando il quadrato al primo membro, si ottiene

$$d^2 + s^2 + 2\,ds = h^2 + s^2 \qquad \text{da cui} \qquad d^2 + 2\,ds = h^2$$

Ma d è molto piccolo rispetto a s, per cui possiamo trascurare il termine d^2, e otteniamo per la differenza di percorso fra l'onda di luce che viene dritta sul bordo inferiore della fessura e l'altra che arriva al punto P dal bordo superiore, il valore

$$d = h^2/2\,s$$

Quando questa differenza di percorso è uguale a mezza lunghezza d'onda, le due onde sono in controfase (come abbiamo visto nella Figura 11.4), quindi si annullano a vicenda e si crea una zona d'ombra. Questo accade quando

$$d = h^2/2\,s = L/2 \qquad \text{da cui:}$$

$$L = h^2/s$$

Puoi fare l'esperimento con la luce del Sole che splenda alle tue spalle da una finestra e proietti la tua ombra su un muro a circa 3 metri di distanza. Mettiti nel vano della finestra e avvicina la testa a uno stipite. Ti accorgerai che, un istante prima di toccarlo con la testa, alla tua ombra cresce un corno orizzontale che va a toccare l'ombra dello stipite. Se avvicini allo stipite la mano aperta con il palmo perpendicolare al sole, quando le dita stanno per toccare il bordo della finestra, l'ombra del tuo dito medio si allunga di molto.

Qui, dunque, la fessura di ampiezza h è la distanza fra la tua testa o il tuo dito e lo stipite della finestra. Se ora misuri questa distanza dallo stipite a cui avvengono queste cose ti accorgi che è di circa 1 mm. È questo il valore di h da inserire nell'ultima formula scritta. E ho già detto che la distanza d dal muro è di 3 m. La lunghezza d'onda L si calcola, allora, come

$$L = h^2/s = (10^{-3})^2/3 = 10^{-6}/3 = 0{,}33\ \mu m$$

cioè è uguale a circa un terzo di micron. La lunghezza d'onda è in effetti compresa fra 0,4 a 0,7 μm (rispettivamente per il violetto e per il rosso). Il calcolo è giusto.

Come si propaga la luce (principio di Fermat)

Come puoi immaginare, sulla luce e sui fenomeni ondulatori ci sono ben altre cose da dire. Non ne parlo perché questo non è un manuale di fisica: è solo un tentativo di mostrare alcuni meccanismi che governano il mondo intorno a noi. Se hai la pazienza di apprezzarli, ti verranno altre curiosità che, come ho già detto, farai bene a soddisfare leggendo cose scritte da fisici veri.

Qui mi limito a mostrare come una legge dell'ottica geometrica si possa dedurre da un principio enunciato dal matematico francese Pierre de Fermat:

«*La lumière se propage d'un point à un autre sur une trajectoire telle que la durée du parcours soit minimale*» (La luce si propaga da un punto a un altro su una traiettoria tale che la durata del percorso sia minima).

È notevole che Fermat (che di mestiere era uomo di legge) scrisse queste parole verso la metà del XVII secolo, prima che fossero fatte misure della velocità della luce di una certa affidabilità.

Il principio di Fermat si può usare per determinare quale percorso segue un raggio di luce che partendo dal punto A debba essere riflesso dallo specchio SS' per poi finire nel punto B (vedi Figura 11.6).

Cerchiamo cioè di determinare la posizione del punto C tale che sia minimo il percorso ACB. Vediamo subito che il percorso ACB ha la stessa lunghezza del percorso ACB', dove B' è l'immagine speculare di B, cioè il punto posto oltre (dentro) lo specchio sulla perpendicolare da B allo specchio e alla stessa distanza di B (cioè tale che BS' = S'B'). Infatti è CB = CB', dato che CBS' e CB'S' sono due triangoli rettangoli uguali. Ma naturalmente la distanza minima fra A e B' si trova sulla retta che li unisce e C è il punto di intersezione dello specchio SS' con la retta AB'. Il problema è risolto: il percorso ACB è il più corto di ogni altro percorso come AEB.

Si vede anche come l'angolo ACS sia uguale all'angolo S'CB' (ti ricordi? sono opposti al vertice!) e questo è uguale all'angolo BCS'. Dunque l'angolo ACS è uguale all'angolo BCS', il che si esprime dicendo che l'angolo formato con lo specchio dal raggio incidente è uguale all'angolo formato

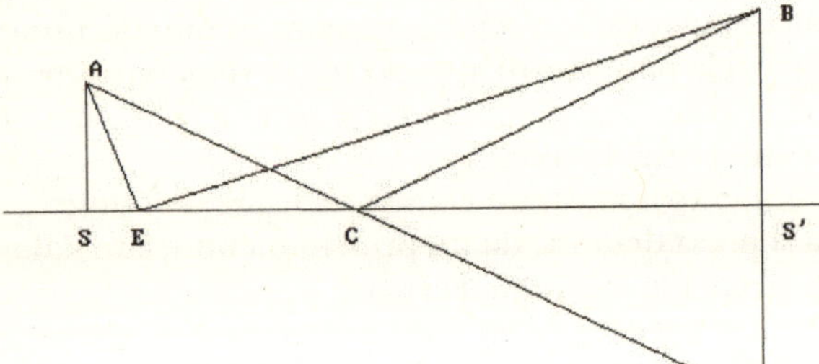

Figura 11.6 La luce segue il percorso minimo (principio di Fermat)

dal raggio riflesso. Questa è una delle osservazioni di base dell'ottica geometrica.

Casualmente l'uguaglianza dell'angolo del raggio incidente e di quello riflesso è approssimativamente rispettata anche quando una palla di biliardo batte sulla sponda e viene deviata allontanandosene. Questa osservazione poteva essere uno degli argomenti a sostegno di chi propendeva per una teoria corpuscolare (invece che ondulatoria) della luce.

Ci sarebbero tante altre cose da dire sulla rifrazione (cambiamento della direzione dei raggi di luce quando dall'aria entrano in un altro mezzo, per esempio acqua o vetro), sulla riduzione della velocità della luce quando passa attraverso sostanze varie (aria, acqua, cristallo) invece che nel vuoto, sulle lenti ecc. Ma accontentiamoci per ora di aver capito un paio di meccanismi: riprenderemo questi argomenti nel Capitolo 13.

La composizione relativistica dei moti

Un pilota di razzi nato a Lima
vola tanto veloce che si stima
più forte della luce. In un concorso
d'astronavi partì lunedì scorso
e al traguardo arrivò due giorni prima.

Con questi versi (non troppo eleganti) ho provato a tradurre il limerick pubblicato sulla rivista «Punch» negli anni Trenta dal prof. A.H. Reginald Buller, membro della Royal Society britannica, che insegnava botanica all'Università di Manitoba. L'originale diceva:

There was a young lady named Bright
Whose speed was far faster than light
She went out one day
In a relative way
And returned on the previous night.

Questa poesiola è vecchia di circa 80 anni. L'ho citata perché testimonia che da molti decenni parecchia gente aveva capito che la teoria di Einstein ha rivoluzionato il modo di pensare al tempo e, quindi, alla velocità e alla stessa contemporaneità degli eventi. Qui cercherò solo (in modo metodico e ragionato) di dedurre qualche conseguenza chiara dalle intuizioni iniziali di Einstein e da certi fatti sperimentali.

Come abbiamo visto nel capitolo precedente, si sapeva da mezzo secolo che la luce viaggia nel vuoto a 300.000 km/s.

Un secolo fa Einstein non fece esperimenti, ma riuscì ugualmente a capire le due verità (o postulati) seguenti, contrari all'intuizione:

1. Le regole per la composizione dei moti trovate da Galileo (descritte nell'ultima sezione del Capitolo 5) non valgono affatto quando una delle velocità considerate è la velocità della luce. Nel vuoto la velocità della luce è costante e non può essere superata.
2. Il moto di ogni oggetto è relativo: per descriverlo bisogna specificare rispetto a quale altro oggetto esso si verifichi. Un osservatore che si muova a velocità costante su traiettoria rettilinea non può in nessun modo determinare le caratteristiche del proprio moto, se non esegue osservazioni e misure su oggetti diversi da quelli solidali con lui.

Einstein ha formalizzato così verità che Galileo aveva visto in modo più limitato. Riempie di rinnovata meraviglia il fatto che Einstein propose questi concetti come postulati, anche se certo derivavano da ragionamenti acutissimi su risultanze sperimentali. Numerosissime esperienze di fisica delle particelle e osservazioni astronomiche hanno poi confermato la validità della teoria della relatività.

Come si devono comporre i moti quando le velocità in gioco si avvicinano a quella della luce? Consideriamo solo il caso di velocità lungo una stessa retta, così non dobbiamo fare calcoli su angoli, come avevamo fatto nel Capitolo 5. Per comporre due velocità V_1 e V_2 dovremo applicare a esse un'operazione che indichiamo per ora con il simbolo ✣. Cerchiamo di capire come va definito questo operatore. Intanto sappiamo già che, se le due velocità considerate sono molto più basse di quella c della luce, il nuovo operatore deve imporre il calcolo di una semplice somma. La composizione dei moti è galileiana e la velocità risultante (o composta) V deve essere:

$$V = V_1 + V_2 = V_1 ✣ V_2$$

Se le due velocità sono minori di c, sarà

$$V = V_1 ✤ V_2 < c$$

Se una delle due velocità è uguale a quella della luce c, sarà

$$V = c ✤ V_2 = c \qquad V = V_1 ✤ c = c$$

Se le due velocità sono ambedue uguali a quella della luce, sarà

$$V = c ✤ c = c$$

Ora la prima equazione scritta sopra si può trasformare in quest'altra:

$$V = V_1 ✤ V_2 = (V_1 + V_2) \cdot f(V_1, V_2)$$

dove $f(V_1, V_2)$ è una funzione delle due velocità da comporre. Di essa sappiamo già varie cose:

- quando V_1 e V_2 sono molto più piccoli di c, deve essere $f(V_1, V_2) = 1$, perché deve valere l'equazione scritta poco sopra;
- il fatto che la funzione assuma lo stesso valore se le variabili hanno valori V_1 e c oppure c e V_2, indica che si tratta di una funzione del prodotto V_1V_2;
- la funzione ha le dimensioni fisiche di un numero puro, dato che è uguale al rapporto fra due velocità.

Dalle equazioni precedenti deduciamo:

$$(V_1 + c) \cdot f(V_1, c) = c; \; (c + V_2) \cdot f(c, V_2) = c \; ; \; (c + c) \cdot f(cc) = c$$

e da queste:

$$(V_1 + c)\, f(V_1, c) = c : \; f(V_1, c) = c/(V_1 + c) = 1/(1 + V_1c/c^2)$$

$$(c + V_2) \cdot f(c, V_2) = c\ ;\ f(c, V_2) = c/(c + V_2) = 1/(1 + V_2 c/c^2)$$

$$(c + c) \cdot f(c, c) = c; \quad f(c, c) = c/(c + c) = 1/2$$

Dunque la forma più plausibile della funzione che stiamo analizzando è

$$f(V_1, V_2) = 1/(1 + (V_1 V_2/c^2))$$

da cui finalmente

$$V = (V_1 + V_2)/(1 + (V_1 V_2/c^2))$$

La formula conferma che il termine correttivo che sta al denominatore è uguale a 1 se le due velocità da comporre sono molto minori di c. Usiamo l'ultima formula per calcolare come si compongono velocità alte, che rappresentino parte non trascurabile della velocità c della luce. Componiamo due velocità uguali. Se sono la metà di quella della luce, ci attenderemmo – applicando le regole della composizione galileiana dei moti – che la velocità composta sia uguale a quella della luce (il che dovrebbe accadere a una particella sparata alla velocità c/2 partendo da un'altra particella che viaggia a c/2). Applicando l'ultima formula, invece, vediamo che si raggiunge una velocità che è solo l'80% di quella della luce. La differenza è del 20%.

Questi risultati sono riportati nella prima riga di questa tabella.

Velocità V (km/s)	*c/V*	*V/c*	*2 V/c*	*Velocità composta relativistica*	*Differenza percentuale*
150.000	2	0,5	1	0,8	20
75.000	4	0,25	0,5	0,47	6
37.500	8	0,125	0,25	0,246	1,6
30.000	10	0,1	0,2	0,198	1
3000	100	0,01	0,02	0,019998	0,01

Le righe seguenti sono relative a velocità che sono un quarto, un ottavo, un decimo e un centesimo della velocità della luce. Si vede che applicando le regole della composizione galileiana dei moti a due velocità che siano 100 volte minori di quella della luce (cioè di 3000 km/s), commettiamo un errore che è solo di una parte su 10.000. La nostra Terra viaggia intorno al Sole a una velocità ancora circa 100 volte più bassa (30 km/s), alla quale l'errore che si compie utilizzando le regole della composizione galileiana dei moti si riduce a una parte su un miliardo. Per velocità inferiori a 1 km/s, come quelle degli aerei supersonici (o ancora più basse), è trascurabile la differenza fra velocità composta calcolata alla Galilei o in modo relativistico.

Come scorre il tempo alle altissime velocità

Se ragioniamo sui fenomeni che si verificano ad altissime velocità, concluderemo che il tempo trascorre tanto più lento quanto più alta è la velocità. Dentro un veicolo spaziale che va in linea retta alla velocità u, c'è un «orologio a luce» costituito da due specchi piani sovrapposti alla distanza L. Un fotone rimbalza continuamente (ovviamente alla velocità della luce) fra i due specchi e, se il veicolo spaziale è fermo, il tempo per un tragitto completo dallo specchio inferiore al superiore e ritorno è

$$t = 2\,L/c$$

Quando il veicolo vola alla velocità costante u, nulla cambia all'interno: un astronauta percepisce che l'orologio a luce continua a battere lo stesso tempo dato dalla formula scritta sopra. Invece un osservatore fermo rispetto al veicolo vede che il fotone percorre uno spazio maggiore di L, perché durante il tragitto lo specchio superiore si è spostato alla velocità u. Ma deduciamo dal postulato della costanza della velocità della luce che sul percorso PR (di lunghezza L') inclinato rispetto alla perpendicolare agli specchi (vedi Figura 12.1), il fotone marcia sempre alla velocità c.

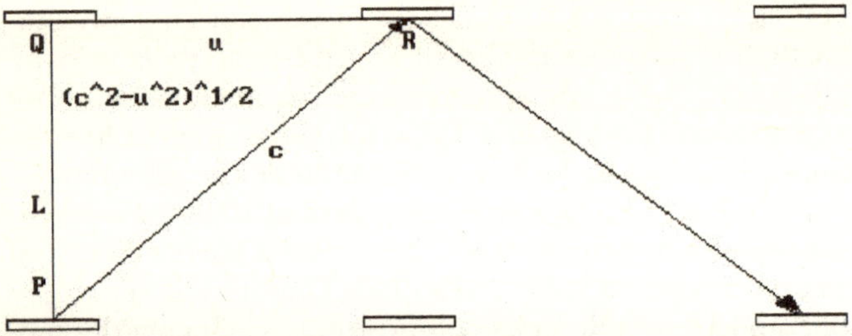

Figura 12.1 Orologio a luce in moto uniforme a velocità u.

E quanta strada fa il fotone, quando il veicolo va alla velocità u? Dall'esame del triangolo rettangolo delle velocità PQR deduciamo che

$$PQ/\sqrt{(c^2 - u^2)} = L/\sqrt{(c^2 - u^2)} = L'/c = PR/c$$

da cui:

$$L' = L\ c/\sqrt{(c^2 - u^2)} = L/\sqrt{(1 - u^2/c^2)}$$

Dividiamo per c il doppio della lunghezza L' per ottenere il tempo t' che l'osservatore fermo osserva e misura per il tragitto completo del fotone, in questa condizione di moto del veicolo

$$t' = 2\ L'/c = t/\sqrt{(1 - u^2/c^2)}$$

Ovviamente t' è più lungo di t, quindi l'orologio a luce rallenta, come asserito inizialmente. Non solo: possiamo essere sicuri che anche ogni altro tipo di orologio rallenta esattamente nella stessa misura. Perché? Ma perché, se non fosse così, potremmo rilevare dall'interno del veicolo spaziale una differenza nel tempo misurato dai due orologi e da questa potremmo determinare la velocità costante del veicolo stesso rispetto all'osservatore fermo. E questa eventualità è esclusa per la seconda verità (o postulato) riportata all'inizio di questo capitolo.

Tutti i processi che riguardano gli oggetti in moto continuano naturalmente a svolgersi secondo i loro ritmi, ma vengono percepiti come rallentati dagli osservatori esterni. Da qui proviene il famoso paradosso dei due gemelli. Se un gemello resta sulla Terra, mentre l'altro compie un lungo viaggio spaziale a velocità non lontane da quella della luce per un tempo adeguato, il primo vede rallentato il tempo del secondo. Quando questo frena e torna sulla Terra, trova il primo invecchiato anche di anni, mentre lui è rimasto più giovane.

Comunque, quello dei gemelli è un esperimento che per ora possiamo solo pensare, non eseguire. Invece è stato eseguito l'esperimento di accelerare certe particelle – i mesoni μ o muoni – fino a velocità vicine a quella della luce. I muoni hanno la particolarità che si disintegrano 2,2 μs (milionesimi di secondo) dopo essere stati generati. Se vengono portati a una velocità uguale al 99% di quella della luce, il loro tempo apparente si rallenta e la loro vita apparente si allunga di circa 7 volte in accordo perfetto con l'ultima formula scritta:

$$t' = t / \sqrt{(1 - u^2/c^2)} = 2{,}2\ \mu s\ (1/\sqrt{(1 - 99^2/100^2)}) =$$
$$= 2{,}2 \cdot 7{,}088 = 15{,}59\ \mu s$$

Attento! Ora non provare nemmeno a sostenere che *intuisci* la necessità che il tempo rallenti per chi viaggia a velocità altissima. Nessuno di noi ha avuto esperienze che possano suggerirlo. Per convincersene basta pensare al fatto citato sopra che anche la velocità degli aerei supersonici (alla quale pochi di noi hanno viaggiato) è del tutto trascurabile in questo contesto.

La massa relativistica (perché la velocità della luce è irraggiungibile)

Nel Capitolo 5 abbiamo visto che la quantità di moto è una grandezza fisica che si conserva. Abbiamo visto che se due corpi si urtano in modo più o meno elastico, la somma dei prodotti delle loro masse per le loro velocità ha lo stesso valore prima e dopo l'urto.

Se, però, l'urto avviene a velocità comparabili a quella della luce, la composizione delle velocità deve essere fatta secondo le regole esposte all'inizio di questo capitolo. Perché valga ancora la conservazione della quantità di moto, siamo costretti a concludere che la massa di un corpo non è costante, ma dipende dalla velocità u. Non riporto qui le considerazioni matematiche che portano a questa conclusione: sono un po' lunghette e non aggiungono granché alla comprensione del concetto. La relazione che esprime questa dipendenza è:

$$m_u = m_o / \sqrt{(1 - (u^2/c^2))}$$

dove m_o è il valore della massa a riposo, cioè se il corpo è fermo (e u = 0) e m_u è il valore della massa alla velocità u. La formula è del tutto simile a quella scritta per il rallentamento del tempo alla fine del primo paragrafo di questo capitolo. Implica che la massa di un corpo cresce quando cresce la sua velocità. Dunque per accelerare un corpo (farne crescere la velocità) occorrono forze tanto più grandi, quanto più alta è la velocità già raggiunta. Se la velocità di un corpo pesante raggiungesse quella della luce, la sua massa diventerebbe infinita. Si vede anche per questa via che la velocità della luce non solo non può essere superata, ma non può essere nemmeno raggiunta. La raggiungono solo i fotoni, che sono privi di massa e viaggiano appunto alla velocità della luce. I fotoni sono luce e per loro il tempo non passa mai.

La contrazione dei corpi veloci

In base a considerazioni analoghe alle precedenti si conclude che, oltre all'aumento della massa, i corpi in moto all'alta velocità u subiscono – per gli osservatori esterni stazionari – una contrazione delle loro dimensioni nella direzione del moto. Se il moto è rettilineo e uniforme nella direzione x, la dimensione d_x a riposo del corpo misurata in detta direzione si riduce alla velocità u, quando:

$$d_x' = d_x \cdot \sqrt{(1 - (u^2/c^2))}$$

Lo spazio-tempo e la sua curvatura

Quella di cui abbiamo parlato in questo capitolo è la cosiddetta teoria ristretta della relatività. Una delle implicazioni di questa teoria è che il tempo va considerato a tutti gli effetti come una quarta dimensione, oltre le tre spaziali (altezza, larghezza, profondità o, riferendosi a una terna di assi perpendicolari fra loro, x, y, z). La posizione di un corpo viene definita dalle sue tre coordinate spaziali e da quella temporale (x, y, z, t). Alcuni chiamano «cronotopo» l'insieme delle 4 coordinate.

Tutti i corpi materiali, quindi, viaggiano sia nello spazio sia nel tempo. Tutti i corpi fermi (rispetto a un sistema di riferimento) viaggiano solo nel tempo, non nello spazio e si muovono sull'asse del tempo alla velocità della luce. Quando si muovono anche nello spazio, una parte di quella velocità viene trasferita dal tempo allo spazio ed è per questo che, come abbiamo visto, il tempo trascorre più lento.

In questo caso si può pensare a un'analogia con gli spostamenti spaziali in due dimensioni. Supponiamo di avere un veicolo che marcia a velocità costante di 100 km/h. Se viaggia in direzione Nord-Sud, dopo un'ora avrà percorso 100 km. Se ora, sempre alla stessa velocità, cambia direzione e viaggia verso Sud-Est invece che verso Sud (cioè in direzione a 45° rispetto a quella Nord-Sud), dopo un'ora avrà percorso in direzione Nord-Sud solo 70,71 km e avrà percorso 70,71 km in direzione Est.

Sulla teoria generale della relatività dirò pochissimo. Einstein la elaborò fra il 1905 e il 1915 e giunse alla conclusione che lo spazio-tempo può essere rappresentato da una griglia ad angoli retti (cioè con gli assi rettilinei e perpendicolari fra loro) a 4 dimensioni, in assenza di corpi pesanti. Quando nello spazio-tempo ci sono corpi pesanti che esercitano un'attrazione gravitazionale, allora la griglia dello spazio-tempo si deforma e si curva localmente. Questa deformazione determina l'attrazione gravitazionale e costituisce il meccanismo per effetto del quale l'attrazione fra corpi pesanti si risente a distanza.

La teoria della relatività generale è complessa. Qui ne do solo qualche vaga idea e cito una sola esperienza che la conferma. Secondo la teoria, dunque, la deformazione dello spazio-tempo ha caratteristiche tali da modificare anche la traiettoria rettilinea della luce nel vuoto. Sebbene i fotoni siano privi di massa (se no, la loro massa sarebbe infinita dato che vanno alla velocità della luce), la teoria afferma che essi vengono deviati quando passano vicino a un corpo pesante.

Un esperimento che conferma la teoria fu realizzato nell'isola Principe al largo della costa dell'Africa Occidentale dall'astronomo Arthur Eddington durante l'eclisse solare totale del 29 maggio 1919. Come previsto, la posizione di certe stelle, la cui luce passava tangente al sole, appariva leggermente spostata rispetto alle osservazioni fatte di notte sei mesi prima.

Dunque lo spazio del tutto vuoto è omogeneo (uguale a sé stesso in ogni sua porzione) e isotropo (ha le stesse proprietà in qualunque direzione ci si muova) in luoghi lontanissimi da corpi pesanti. In prossimità di corpi pesanti (e fin dove si sente la loro azione gravitazionale) lo spazio si distorce. Si può valutare di quanto si distorce usando una formula definita da Einstein per misurare di quanto aumenta il raggio di una sfera che sia riempita di materia in modo uniforme con una certa densità ρ. Come ci accorgiamo che la presenza di materia fa crescere il raggio della sfera? Prendiamo il caso del nostro pianeta e procediamo così: misuriamone la superficie S. Poi calcoliamo il raggio R con la formula classica

$$R = \sqrt{(S/4\pi)}$$

Ora pratichiamo un foro dalla superficie al centro della Terra e misuriamo il raggio della Terra: otteniamo il valore R', maggiore di R. La formula di Einstein esprime il valore della differenza fra raggio misurato e raggio calcolato in funzione della massa M della Terra:

$$R' - R = (G/3\,c^2)\,M$$

con

$$M = 4\,\pi\,\rho\,R^3/3$$

dove $G = 6{,}67\ 10^{-11}\ m^3/kg \cdot s^2$ è la costante di gravitazione (vedi Capitolo 5) e c è la velocità della luce.

Sarà $(G/3\,c^2) = 2{,}47\ 10^{-28}\ m \cdot kg$ e $M = 6 \cdot 10^{24}$ kg per cui $R' - R = 1{,}5\ 10^{-3}$ m, cioè un millimetro e mezzo, effetto molto piccolo.

Vedremo nel prossimo capitolo (quando parleremo brevemente di fisica quantistica) che anche in un altro senso lo spazio vuoto non si può considerare identico al nulla assoluto.

La teoria generale della relatività ha permesso anche di arguire l'esistenza dei buchi neri: corpi celesti in cui la materia è così densa e l'attrazione gravitazionale così forte da impedire che da essi possano distaccarsi corpi materiali e anche fotoni. I buchi neri non possono essere osservati direttamente, dato che non possono emettere alcuna luce, ma la loro esistenza pare confermata dalla osservazione del comportamento di altri corpi celesti abbastanza distanti da non essere attratti e conglobati, ma abbastanza vicini da risentirne l'influenza.

E = m c²

Abbiamo visto prima che la massa di un corpo che viaggia alla velocità costante u, aumenta rispetto al valore che aveva quando il corpo era fermo:

$$m_u = m_o / \sqrt{(1 - (u^2/c^2))}$$

Se ne deduce che la massa di un gas aumenta se lo scaldiamo. Infatti, se aumenta la sua temperatura, le sue molecole diventano più veloci e, quindi, sono più pesanti. Ora accetta per fede (te lo garantisce l'intera comunità dei matematici) che la formula appena scritta si può trasformare così:

$$m_u = m_o / \sqrt{(1 - (u^2/c^2))} = m_o + (m_o\, u^2/2) / c^2$$

Ma la quantità $(m_o\, u^2/2)$ che appare nella formula è l'energia cinetica calcolata come avrebbe fatto Newton, cioè senza tenere conto dell'aumento della massa delle molecole con la velocità. Dunque la formula appena scritta significa che l'aumento della massa del gas $(m_u - m_o)$ è uguale all'aumento della sua energia cinetica diviso per c^2.

Einstein suggerì, allora, che la massa di un corpo venga definita invece che con la formula vista sopra, dicendo che la massa è uguale all'energia totale divisa per c^2. L'energia totale si esprime, dunque, come:

$$E = m\, c^2 = m_o\, c^2 + m_o\, u^2/2$$

Einstein chiamò il termine $m_o\, c^2$ «energia a riposo» del corpo di massa m_o.

L'ultima formula scritta è la famosa formula di Einstein che esprime l'equivalenza tra massa ed energia. Questa equivalenza non implica affatto la conseguenza che una qualunque massa (di piombo, di ferro, di calcare) si possa trasformare in energia. I modi in cui trasformare certe masse in energia sono complicati. Gli scienziati del Progetto Manhattan con cui furono prodotte le prime bombe atomiche, capirono che spaccando in due gli atomi di uranio si poteva produrre energia. Nella bomba di Hiroshima si trasformò in energia meno dell'1% di circa 1 kg di uranio (cioè poco meno di 10 grammi) e l'energia prodotta fu equivalente a quella di 12.000 tonnellate di alto esplosivo. I calcoli dimostravano che la formula di Einstein era giusta.

La fisica ebrea

Riporto qui alcuni passi dell'introduzione al manuale *Deutsche Physik* (Fisica tedesca) del prof. Philipp Lenard, pubblicato nel 1936 in Germania, in pieno nazismo. Lenard aveva avuto il Premio Nobel per la fisica nel 1905. È soltanto un documento curioso e tragico che testimonia a quali estremi le ideologie possono viziare la mente anche a persone addestrate alla ricerca.

L'introduzione comincia così:

«Fisica tedesca? Ma la scienza non è internazionale? No: questo è un errore. In effetti la scienza, come tutto quel che gli uomini producono è condizionata dalla razza e dal sangue».

Dopo altre considerazioni sulla preponderanza raggiunta dagli ebrei in Germania dopo la fine della prima guerra mondiale e sul fatto che si può parlare di una fisica giapponese, mentre non si ha notizia di una fisica dei negri, Lenard continua:

«Per caratterizzare in breve la fisica ebrea conviene ricordare l'attività del suo rappresentante più famoso, il purosangue ebreo A. Einstein. Le sue "teorie della relatività" intendevano modificare e dominare tutta la fisica, ma hanno ormai mostrato il loro netto contrasto con la realtà. Non pretendevano nemmeno di essere vere. All'ebreo manca in modo vistoso la comprensione della verità: riesce solo ad afferrare concordanze superficiali con la realtà oggettiva indipendente dal pensiero umano in contrapposizione con l'inflessibile volontà di verità dei ricercatori ariani».

Lenard continua criticando l'uso eccessivo della matematica e riaffermando il diritto del popolo tedesco a una sua scienza realistica e adatta alle realizzazioni tecnologiche.

Pronti a essere illogici?

All'inizio del Capitolo 11 ho scritto in modo disinvolto che la luce è fatta di particelle – i fotoni – ma che dobbiamo anche accettare l'interpretazione che sia fatta di onde. In quella frase c'era una contraddizione! Quel che è peggio (o meglio, a seconda dei punti di vista) è che in questo capitolo non potremo sanare la contraddizione. Anzi: esporremo modi di ragionare in netto contrasto con la nostra intuizione e con il senso comune.

Aristotele ci aveva insegnato che nello stesso tempo e nello stesso senso è falso affermare che una certa proposizione logica è vera ed è falsa. (È il principio di non contraddizione che sta alla base della logica.) Qui dovremo accettare che nello stesso tempo e nello stesso senso consideriamo che la luce sia fatta di particelle e, insieme, andiamo a calcolarne la fase come se fossero onde.

Quasi tutti danno per scontato che gli effetti si producono nel tempo dopo le cause. Vedremo, invece, casi in cui prima si produce un effetto e solo dopo un certo tempo si verifica la causa che lo ha prodotto!

All'inizio del XX secolo vennero fuori illogicità gravi derivanti da ragionamenti seri e metodici sull'irraggiamento dell'energia. Sappiamo bene che qualunque corpo irraggia energia e ne irraggia di più se la sua temperatura sale. Il ferro scaldato in una fucina a un certo punto diventa rosso (e questo indica che trasmette energia sulla lunghezza d'onda di circa 0,7 μm). Se viene portato a temperatura più alta, diventa bianco, il che è segno che irraggia energia su molte altre lunghezze d'onda.

La formula che esprime quanta energia I viene irraggiata in funzione della frequenza ν e della temperatura assoluta T, è

$$I = 2 \pi \nu^2 k T/c^2$$

dove ν è la frequenza in Hz, T è la temperatura assoluta (uguale a quella centigrada + 273°), c è la velocità della luce.

Questa formula deriva da ragionamenti di fisica matematica che non è il caso di riportare qui. Basti dire che può essere dedotta in modo rigoroso e che alle basse frequenze definisce molto bene le quantità di energia irraggiate. Se, però, la frequenza ν supera $2\ 10^{14}$ hertz, la formula si discosta sempre più dalla realtà e fornisce valori molto più grandi di quelli veri. Basta guardarla: in essa appare il quadrato della frequenza, il che implica che per valori alti della frequenza l'energia irraggiata dovrebbe essere infinita e non lo è affatto.

Il fisico Max Planck risolse il problema discostandosi in modo brutale dal principio enunciato da Galileo che citavo nel Capitolo 1 («Ciò che l'esperienza e i sensi ci dimostrano, devesi anteporre a ogni discorso ancorché ne paresse assai fondato»).

Planck postulò – cioè prese per vero – che l'energia non viene trasmessa in modo continuo, ma viene suddivisa in pacchetti indivisibili, che chiamò «quanti» e – per ragioni un po' complicate nelle quali non entriamo qui – espresse il valore di ogni quanto come

$$E = h \nu$$

dove h è una costante che vale $6{,}626076\ 10^{-34}$ kg · m^2/s e alla quale è stato dato il nome di costante di Planck. La ritroviamo ovunque nella fisica e spiega tante altre cose, anche se in modo un po' brutale. Infatti usandola si può dire come stanno certe cose, ma non si spiegano i meccanismi relativi in modo comprensibile.

Uno dei problemi non risolti dal modello dell'atomo visto come un nucleo attorno al quale orbitano elettroni è il seguente. Ruotando attorno al nucleo ad alta velocità gli elettroni dovrebbero emettere (irradiare) energia. Corrispondentemente la loro energia cinetica dovrebbe diminuire, la velocità dovrebbe scendere e, alla fine, dovrebbero andare ad appiccicarsi al nucleo.

Be', le cose non vanno affatto così perché gli elettroni non irradiano energia se la loro orbita è quantica, cioè se il momento della loro quantità di moto (vedi Capitolo 5) è multiplo della costante di Planck divisa per 2 π. Gli elettroni, dunque, non possono girare a distanze qualsiasi dal nucleo, ma devono occupare orbite quantiche. Nel passaggio da un'orbita quantica a un'altra un elettrone emette, o assorbe, un quanto di energia h ν (cioè un fotone).

Altra importante applicazione della costante di Planck si ha nel principio di indeterminazione scoperto da Heisenberg (già accennato all'inizio del Capitolo 9): se una particella si muove lungo un asse x a una velocità V cui corrisponde una quantità di moto px = m V, possiamo determinare la sua posizione con un'accuratezza Δx e la sua quantità di moto con un'accuratezza Δpx, ma il prodotto $\Delta x \cdot \Delta px$ sarà sempre maggiore della costante di Planck h.

Se vogliamo conoscere la posizione con maggiore precisione, saremo obbligati ad accettare un'imprecisione crescente nella misura della velocità, e viceversa.

Elettrodinamica quantistica

L'elettrodinamica quantistica è una teoria fisica che spiega tutti i fenomeni della fisica (compresi quelli meccanici ed elettrici) e della chimica, tranne i fenomeni della gravitazione e quelli della radioattività. L'elettrodinamica quantistica insegna che le particelle cariche (elettroni e positroni, che sono elettroni con carica positiva invece che negativa) interagiscono scambiandosi fotoni, ciascuno dei quali porta un'energia E = h ν.

Qui proverò a darne un'idea semplificata. Non ti preoccupare se non capisci tutto perché (come accennato all'inizio del capitolo) nessuno sa bene perché questi strani ragionamenti permettono di descrivere la natura con una precisione così elevata. Però sono ragionamenti e modi di fare i calcoli che funzionano. Se ne vuoi avere un'idea un po' più approfondita, leggi il libro di Richard Feynman *QED* (che sta per Quantum ElectroDynamics, non per Quod Erat Demonstrandum). In Italia è edito da Adelphi. Io traggo da quel libro buona parte delle cose che so in questo campo. Se ne vuoi sapere ancora di più, studia fisica in modo regolare, per esempio, all'università (le facoltà di fisica italiane sono ottime a livello mondiale).

Cominciamo a ragionare sul fatto che la luce che colpisce una lastra di vetro sottile in parte la attraversa e in parte viene riflessa. Si può misurare quali siano queste proporzioni contando i fotoni con un apparecchio detto fotomoltiplicatore. Per un certo spessore della lastra di vetro può accadere che il 96% dei fotoni attraversa la lastra e il 4% viene riflesso. Se prendiamo molto gradatamente lastre sempre più spesse, accade che la percentuale di fotoni riflessa dapprima cresce (arrivando fino al 16%) e poi diminuisce di nuovo scendendo al 4% e poi ancora fino a zero. Se disegniamo un diagramma della percentuale dei fotoni riflessi in funzione dello spessore del vetro, otteniamo una curva sinusoidale con valore medio 8%.

Il punto essenziale qui è che la luce, essendo formata da fotoni, non si propaga davvero in linea retta (sì! certo che sembra farlo, ma aspetta! leggi avanti), non si riflette con angolo di riflessione uguale a quello di incidenza (sì! certo che sembra farlo, ma aspetta! leggi avanti), ma segue leggi probabilistiche. Queste si applicano ai fotoni in modi che adesso vedremo.

Per un fotone che parte da una sorgente di luce e va verso la lastra di vetro, non c'è nessun modo di prevedere se attraverserà la lastra o sarà riflesso. Possiamo solo calcolare la probabilità delle due alternative. Si fa così.

Parliamo di fotoni, cioè di particelle o corpuscoli. Abbiamo già detto, però, che la luce ha una certa lunghezza d'onda (compresa, dal viola al rosso, fra 0,4 e 0,7μm).

Supponiamo di usare luce rossa con lunghezza d'onda di 0,7 μm. Quanti periodi dell'onda luminosa (che non esiste davvero: si tratta di particelle) entrano in 1 cm?

Ricordiamo la relazione che lega la velocità c della luce alla lunghezza d'onda λ e alla frequenza ν:

$$c = \lambda \nu \ \text{; dove: } c = 3\ 10^8\ \text{m/s};\ \lambda = 0{,}7\ 10^{-6}\ \text{m};$$
$$\nu = 428.5\ 10^{12}\ \text{s}^{-1}$$

La luce percorre 1 cm in un tempo

$$t^* = 0{,}01\ \text{m} / (3\ 10^8\ \text{m/s}) = 0{,}333\ 10^{-10}\ \text{s}$$

durante il quale il numero dei periodi dell'onda (della lunghezza detta) è

$$N = t^* \cdot \nu = 0{,}333\ 10^{-10}\ \text{s} \cdot 428.5\ 10^{12}\ \text{s}^{-1} = 14.285$$

Ovviamente si ottiene lo stesso risultato dividendo 1 cm per λ:

$$N = 0{,}01\ \text{m}/0{,}7\ 10^{-6}\ \text{m} = 14.285$$

Dunque nel tempo che la luce rossa percorre un centimetro l'onda relativa oscilla 14.285 volte. Se ricordiamo il segmento OP del quale parlavamo nel Capitolo 11 a proposito della fase di un'onda sinusoidale, vediamo che questo segmento rotante intorno al punto O di origine del diagramma, compie 14.285 giri quando la luce percorre 1 cm.

L'angolo di fase compie un giro (variando da 0 a 2 π) quando il fotone si sposta di una lunghezza d'onda, cioè nel caso della luce rossa di 0,7 μm. Dunque la variazione della luce riflessa fra 0 e 16% si verifica quando lo spessore del vetro cambia di 7 decimi di un micron (un millesimo di millimetro).

Ricordiamo ancora che l'angolo tra il segmento OP e l'asse orizzontale delle ascisse è proprio la fase dell'onda sinusoidale in quell'istante.

Conosciamo la distanza dalla sorgente di luce alla superficie del vetro più vicina alla sorgente di luce e lo spessore del vetro. In base al valore di queste due lunghezze, possiamo calcolare la fase dell'onda luminosa associata al fotone, quando questo arriva alla superficie del vetro più vicina alla sorgente di luce e quando, attraversato il vetro, arriva alla superficie posteriore. Chiamiamo questi due angoli di fase α_1 e α_2.

Cominciamo col trascurare la superficie posteriore del vetro. Quale percentuale di fotoni viene riflessa dalla superficie anteriore? Per calcolarla traccio su un foglio una freccia lunga 0,2 che formi un angolo $(\pi + \alpha_1)$ con l'asse orizzontale. La probabilità della riflessione è uguale al quadrato della lunghezza della freccia: il quadrato di 0,2 è 0,04, dunque la probabilità di riflessione è del 4%. (Attento! Non pretendere di capire il perché di questo calcolo: nessuno sa perché. Ma le cose vanno così.)

Teniamo conto ora della riflessione dalla superficie posteriore. Quando un fotone arriva a essa, l'angolo di fase dell'onda relativa è α_2. Tracciamo ora di seguito alla freccia disegnata prima una seconda freccia sempre di lunghezza 0,2 che formi con l'asse orizzontale un angolo α_2. Consideriamo ora la freccia risultante delle due tracciate e misuriamone la lunghezza: la probabilità di riflessione è uguale al quadrato di questa lunghezza. Se lo spessore del vetro è tale che $\alpha_2 = \alpha_1$, allora le 2 freccette hanno la stessa direzione e versi opposti. Quindi la lunghezza della freccia risultante è zero e la probabilità di riflessione è zero: non c'è riflessione. Se $\alpha_2 = \alpha_1 + \pi$, allora la freccia risultante ha lunghezza 0,4, la probabilità è 0,16 e viene riflettuto il 16% dei fotoni. Per spessori del vetro diversi che rendono la fase α_2 intermedia fra α_1 e $\alpha_1 + \pi$, la probabilità varia ciclicamente (ogni 7 decimi di micron, come abbiamo visto) fra 0 e 0,16 e la percentuale di fotoni riflessi varia fra 0 e 16%, come annunciato sopra.

La riflessione della luce (cioè dei suoi fotoni) dalla superficie anteriore e da quella posteriore di una sottile lastra di vetro è un fenomeno semplice. La procedura usata per analizzarlo si estende a fenomeni più complicati. Per esempio, alla riflessione della luce da uno specchio. Non riporto qui i disegni perché penso che sia più importante il concetto (i disegni li trovi sul libretto di Feynman già citato).

Feynman sostiene, dunque, che i fotoni si propagano in tutte le direzioni con la stessa probabilità. La probabilità risultante, però, si calcola come il quadrato dell'ampiezza della freccia risultante costituita dalla somma di tutte le singole freccette (aventi tutte la stessa lunghezza, ma angoli – fasi – diverse). Nel caso della lastra sottile di vetro, bastava considerare due freccette sole. Nel caso di uno specchio piano con una sorgente che manda un raggio di luce inclinato rispetto alla superficie e con un rivelatore (o fotomoltiplicatore) dall'altra, dobbiamo considerare tutti i possibili percorsi sorgente-specchio-rivelatore. Fra questi percorsi, alcuni sono lunghi: per esempio, quelli che partono in direzione opposta a quella verso la quale si trova il rivelatore, colpiscono lo specchio e poi tornano indietro al rivelatore con un angolo di riflessione ben diverso da quello di incidenza. Le lunghezze di questi percorsi strani (e improbabili), però, differiscono parecchio anche tra percorsi contigui. In conseguenza le fasi delle onde corrispondenti ai fotoni relativi sono diverse e le loro freccette tendono ad annullarsi a vicenda. Invece hanno lunghezze pochissimo diverse i percorsi situati intorno al punto per cui l'angolo di incidenza è uguale all'angolo di riflessione. Per questi percorsi le fasi delle onde sono pochissimo diverse e le freccette si sommano. La freccia risultante ha ampiezza notevole e il suo quadrato, che è la probabilità di riflessione secondo quel percorso (per cui angolo di incidenza e riflessione sono uguali) è altissima. Infatti è proprio quello che succede.

L'elettrodinamica quantistica, perciò, permette di ricostruire su base probabilistica le leggi dell'ottica geometrica di cui abbiamo visto qualche esempio alla fine del Capitolo 11. Il sistema di calcolo descritto (freccette di uguale lunghezza, ma di fase diversa relative a ogni possibile percorso

– costruzione della freccia risultante – probabilità finale presa uguale al quadrato della freccia risultante) è arbitrario e gratuito. Però permette di calcolare con precisione estrema non solo i meccanismi dell'ottica (già ampiamente noti), ma anche i meccanismi delle interazioni fra particelle submicroscopiche come gli elettroni e i fotoni. È quello che vedremo nel prossimo paragrafo.

Intanto vediamo come si dimostra che davvero i fotoni non vanno in linea retta, ma seguono ogni possibile percorso aperto davanti a loro.

Riprendiamo a ragionare sullo specchio che riflette raggi di luce di una fonte in modo che (con angolo di riflessione uguale a quello di incidenza) vadano a finire su un rivelatore. Dicevamo prima che i percorsi dei fotoni passanti per le parti dello specchio situate rispetto alla fonte dalla parte opposta del rivelatore, hanno lunghezze rapidamente variabili. Dunque le fasi su questi percorsi sono diverse e le freccette si elidono. Saremmo tentati di dedurne che i pezzi di specchio che non stanno nella parte centrale tra fonte e rivelatore non dovrebbero avere alcun effetto.

Proviamo, però, a rendere opache le zone (o striscette di specchio) in cui le freccette relative a certe fasi sono dirette verso sinistra e a lasciare riflettenti le striscette in cui le freccette sono dirette verso destra. Ora dovrà accadere che le freccette hanno direzioni concordi e quindi la freccia risultante sarà lunga: il quadrato della sua lunghezza misura la probabilità che i fotoni arrivino al rivelatore e questa probabilità sarà molto alta. Questo significa che il rivelatore registrerà l'arrivo di parecchi fotoni: ora la luce gli arriva anche dalle parti dello specchio che sembravano inutilizzate!

Quanto devono essere larghe queste striscette opache? Abbiamo visto che si tratta di zone ai cui estremi la freccetta cambia verso, cioè la fase dell'onda differisce di 180° (cioè di π): questo succede alla distanza di mezza lunghezza d'onda. Se usiamo luce rossa, come abbiamo supposto prima, le strisce opache devono essere larghe 0,35 μm (1/3 di un millesimo di millimetro). In effetti avremo creato un reticolo di diffrazione che riflette la luce anche se sta nel posto, in certo senso, sbagliato.

Con questo esperimento e con i ragionamenti relativi abbiamo dimostrato che la luce non va solo in linea retta e che l'elettrodinamica quantistica ha ragione davvero.

La stessa cosa si può vedere in altro modo. Il fenomeno è sempre quello della diffrazione della luce che abbiamo già visto nel Capitolo 11. Lo interpretavamo, allora, come una interferenza fra onde della stessa frequenza (e lunghezza d'onda). Si può interpretare, però, anche a riprova dell'idea che i fotoni possono muoversi su qualunque percorso, anche il più strano, senza andare necessariamente in linea retta.

Immaginiamo una sorgente di fotoni che ne emette pochi (uno ogni secondo od ogni tanti secondi) in direzione di una fessura fra due blocchi solidi. Sempre sulla stessa linea retta dalla sorgente alla fessura e dalla parte opposta della fessura, installiamo un rivelatore. Questo emetterà un ticchettio all'arrivo di ogni fotone.

Se installiamo un altro rivelatore in un punto che non stia in asse tra sorgente e fessura, ma sia spostato lateralmente a una buona distanza, questo non emetterà nessun ticchettio: non riceverà nemmeno un fotone. Perché? Ma perché le fasi delle freccette sui percorsi angolati sorgente-fessura-rivelatore spostato sono molto diverse e le freccette si elidono.

Se ora, però, avviciniamo i due blocchi fino a rendere la fessura molto stretta, succede che i percorsi angolati ora citati sono sempre più stretti – più vicini fra loro – e quindi le fasi sono più vicine. Pertanto non c'è elisione e il rivelatore laterale comincia a ticchettare anche lui, quasi quanto quello sull'asse sorgente-fessura.

Ripeto ora quello che ho già detto prima.

Supponiamo che una trasmissione di fotoni da una sorgente a un rivelatore (o più in generale a un bersaglio) possa avvenire seguendo tanti percorsi diversi (rettilinei, angolati, curvi, senza esclusione). Allora la probabilità per i fotoni di raggiungere un certo punto è il quadrato dell'ampiezza della freccia risultante dalla somma di tutte le freccette (ciascuna con la sua fase, misurata all'istante dell'arrivo al punto obiettivo) relative a tutti i percorsi possibili.

Se consideriamo, invece, sequenze di percorsi che si succedono gli uni agli altri, la probabilità dell'evento finale (che un fotone viaggi per i percorsi successivi possibili) è il quadrato della freccia risultante che non è la somma delle freccette relative ai percorsi successivi, ma è il loro prodotto.

(Se ti chiedi come si calcoli il prodotto tra freccette, la risposta è: «Le freccette si possono considerare come numeri complessi. La loro somma e il loro prodotto si calcolano proprio come si definiscono somme e prodotti fra numeri complessi». Se non hai studiato i numeri complessi, ti consiglio di farlo: vedrai che non è difficile.)

Ma parliamo ora delle interazioni fra elettroni (e positroni) e fotoni. Vedremo cose ancora più inaspettate.

Moto di elettroni ed emissione di fotoni

Anche gli elettroni, come i fotoni, si possono considerare sia come particelle (con una loro massa), sia come onde (con una loro lunghezza d'onda). In effetti i fotoni di cui abbiamo considerato i percorsi e le riflessioni, non vengono riflessi dalle superfici degli specchi, ma interagiscono con gli elettroni che si trovano intorno ai nuclei dei materiali speculari. Quello che accade è che un fotone viene assorbito da un elettrone, che poi ne emette un altro. Talora, poi, un fotone si trasforma in una coppia elettrone-positrone. Un positrone è un elettrone avente carica positiva, cioè è l'antiparticella dell'elettrone. Quando un elettrone sbatte contro un positrone, le due particelle si annullano generando uno o due fotoni.

I fenomeni essenziali che si possono considerare per spiegare tutti i fenomeni della fisica (l'elettricità, il magnetismo ecc., ma non la gravità, né i fenomeni nucleari) sono:

– un elettrone viaggia da un punto A a un punto C;
– un fotone viaggia da un punto E a un punto F;
– un elettrone emette (o assorbe) un fotone.

Come abbiamo già visto nel caso dei fotoni, questi spostamenti e queste emissioni (o assorbimenti) non sono fenomeni deterministici. Dobbiamo calcolarne la probabilità e, come è naturale, quando la loro probabilità è altissima, si verificano davvero.

La parte restante di questo capitolo è difficile da capire per tre ragioni. La prima è che ragionamenti e metodi di calcolo sono assurdi e gratuiti, come già detto. La seconda ragione è che i fenomeni descritti sembrano svolgersi in modi che contraddicono il senso comune. La terza è che la matematica è un po' complicata, tanto che la accenno appena, e così troveranno difficoltà a capire anche i lettori che sanno di matematica.

Nella Figura 13.1, sono rappresentati due elettroni che partendo dai punti A e B vanno rispettivamente nei punti C e D. Nota che in questo grafico le ascisse sono spazi (per semplificare, considerati lungo una retta, l'asse orizzontale che possiamo chiamare asse x) e le ordinate sono tempi. È il contrario di quello che si fa di solito (e dei grafici che abbiamo disegnato nel Capitolo 5), ma ho seguito questa convenzione perché è quella che scelse Richard Feynman quando inventò questo tipo di diagramma. (La Figura 13.1 rappresenta quattro diagrammi di Feynman.)

Nel secondo diagramma da sinistra è rappresentato anche un fotone che si sposta dal punto E al punto F. (Seguendo Feynman, rappresentiamo le traiettorie dei fotoni con linee ondulate e quelle degli elettroni con rette.) (Figura 13.1)

Qual è l'ampiezza di probabilità che il fotone vada da E in F? In precedenza l'avevamo calcolata sommando, ciascuna con la sua fase, tutte le possibili freccette relative a tutti i possibili percorsi da E a F. Ora prendiamo per fede che più

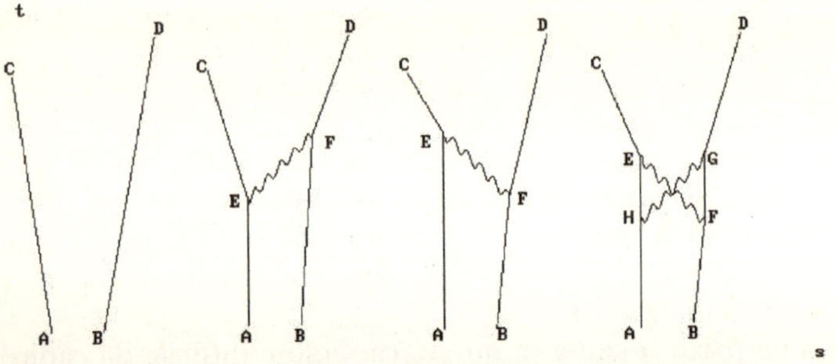

Figura 13.1 Moto di elettroni (linee interne), emissione di fotoni (linee ondulate).

semplicemente l'ampiezza di probabilità per il percorso di un fotone da E a F si esprime come

$$F_{EF} = 1/[(x(F) - x(E))^2 - (t(F) - t(E))^2]$$

dove x(F), x(E) sono le ascisse dei punti F ed E, e dove t(F), t(E) sono i tempi a cui il fotone si trova in F e in E.

Qual è l'ampiezza di probabilità che l'elettrone che si trova nel punto x(A) al tempo t(A) arrivi all'ascissa x(C) al tempo t(C)?

Questa si calcola come una somma. Il primo termine della somma è E_{AC} che si ottiene dall'ultima formula scritta sopra sostituendo A a E, e C a F. I termini successivi sono relativi al numero enorme di altre possibilità che ha l'elettrone di andare da A a C non direttamente, ma a salti.

Per esempio, può andare da A ad A1 e da A1 a C. A questo caso corrisponde il termine (che si somma a E_{AC}):

$$E_{A\text{-}A1} \cdot n^2 \cdot E_{A1\text{-}C}$$

dove n è «un certo numero che serve per far tornare i conti» (come dice Feynman) e che è un modo particolare di esprimere la massa dell'elettrone in certe ipotesi (e non fate domande: la cosa è complicata).

L'elettrone può anche fare tre salti: da A in A1, da A1 in A2 e da A2 in C. A questo caso corrisponde il termine (che si somma ai 2 precedenti):

$$E_{A-A1} \cdot n^2 \cdot E_{A1-A2} \cdot n^2 \cdot E_{A2-C}$$

e si continua così a sommare termini moltiplicando per n^2 all'interno di ogni termine ogni volta che si compie un salto. Questa lunghissima somma va poi moltiplicata per quella concomitante (cioè che succede simultaneamente) di moto di un secondo elettrone da B a D. Si ottiene così una freccetta da sommare a quelle delle numerosissime alternative, la prima delle quali è che un elettrone vada da A a D e un altro elettrone da B a C.

Poi abbiamo tante altre alternative di cui sommare le F_{XY}: sono quelle in cui gli elettroni vanno di nuovo a salti e, inoltre, in ogni punto in cui finisce un salto e comincia il successivo emettono (o assorbono) un fotone. Tre casi sono rappresentati nei 3 diagrammi a destra della Figura 13.1.

L'elettrone può andare da A a E (dove emette un fotone) e da E a C, come rappresentato dal secondo diagramma da sinistra nella Figura 13.1. A questo caso corrisponde il termine (che si somma a E_{AC})

$$E_{AE} \cdot j \cdot E_{EC}$$

dove j è un certo numero che vale circa –0,1 (che è un modo particolare di esprimere la carica dell'elettrone in certe ipotesi; di nuovo: non fate domande. La cosa è complicata).

L'elettrone può anche fare tre salti: da A in H (dove emette un fotone), da H in E (dove emette un altro fotone) e da E in C. A questo caso (rappresentato nel diagramma a destra della Figura 13.1) corrisponde il termine (che si somma ai due precedenti e ai seguenti)

$$E_{AH} \cdot j \cdot E_{HE} \cdot j \cdot E_{EC}$$

Le quantità ottenute dalle somme indicate vanno moltiplicate per le quantità analoghe ottenute dall'analisi dei processi concomitanti. Nel caso del diagramma di destra di Figura 13.1 sono processi concomitanti il percorso con tre salti di un elettrone da B a F a G a D e i percorsi dei due fotoni da E a F e da H a G.

Per calcolare correttamente queste probabilità occorre analizzare miliardi di cammini concomitanti e alternativi. I calcoli sono ponderosi (e si fanno con grossi computer): è sorprendente che i risultati che si ottengono concordino con quelli sperimentali con l'accuratezza di una parte su un miliardo.

Smetto qui di riportare queste analisi un po' noiose (scommetto che quasi tutti avranno saltato il pezzo qui sopra: è per questo che ho scritto le ultime frasi in corsivo). Così ho offerto un approdo a chi ha l'occhio perso da tutte le formulette che ho scritto.

Guarda ora i due diagrammi a destra nella Figura 13.1 e ricorda che la scala dei tempi è verticale e cresce verso l'alto. Succede la stessa cosa in tutti e due: l'elettrone che parte da A emette un fotone in E e questo viene assorbito in F dall'elettrone che parte da B. La cosa curiosa è che nei due diagrammi l'assorbimento in F accade PRIMA che il fotone sia stato emesso in E perché il tempo t(F) è anteriore al tempo t(E). Questo evento contraddice, dunque, ciò che chiunque riterrebbe certo: che gli effetti si hanno in tempi successivi alle cause.

Si può uscire da questo paradosso pensando che le cose vanno come se il fotone fosse stato emesso in F e assorbito in E. Infatti il fotone non ha carica e si può considerare come l'antiparticella di sé stesso.

Accade talora, però, che anche certi elettroni vengano generati DOPO che sono stati annichilati dall'urto con un positrone. In questi casi possiamo dire che un elettrone che viaggia all'indietro nel tempo equivale a un positrone che viaggia in avanti. Come avevamo già visto nel capitolo precedente, la nostra nozione del tempo va rivista profondamente.

Quanto espongo qui serve solo a dare una pallida idea (un'annusata) di che cosa sia l'elettrodinamica quantistica. Certo questa disciplina spiega anche le interazioni fra elettroni e nucleo negli atomi: sono fenomeni in cui avvengono di continuo scambi di fotoni. Qui andiamo sempre più sul complicato. Per farsi idee un po' più chiare, consiglio di leggere *QED* di Feynman, citato all'inizio del capitolo. Per farsi idee molto più chiare, c'è da studiare parecchio, da capire che cosa sono e come funzionano le particelle elementari e così via.

Per apprezzare il successo sconvolgente dell'elettrodinamica quantistica, basti dire che con calcoli equivalenti a quelli brevemente illustrati sopra (ma molto più sofisticati) si calcola per il momento magnetico dell'elettrone il valore 1,00115965246. Il valore misurato sperimentalmente è 1,00115965221. La differenza, dunque, è di una frazione di un miliardesimo.

Fisica e numerologia?

La «costante fine della materia» (α) è il nome curioso che è stato dato alla grandezza

$$\alpha = \mu_o \, c \, e^2/2 \, h \text{ dove}$$

h è la costante di Planck (= $6{,}626076 \; 10^{-34}$ kg · m^2/s);
c è la velocità della luce (= 299.792.474 m/s);
e è la carica dell'elettrone (= $1{,}602177 \cdot 10^{-19}$ kg · m^2/s^2);
μ_o (= $4\,\pi\,10^{-7}\,N\,A^{-2}$) è la permeabilità magnetica del vuoto.

(Lo so, di magnetismo e permeabilità magnetica non ho parlato affatto: d'altra parte questo libro è smilzo ed esemplificativo, mentre la fisica è tanta!)

Da cui:

$$\alpha = 4\,\pi\,10^{-7} \cdot 2{,}99792474 \cdot 10^{8} \cdot 2{,}5669711 \cdot 10^{-38} \cdot /2 \cdot \cdot 6{,}626076\;10^{-34} = 7{,}2973496 \cdot 10^{-3} \text{ che è un numero puro}$$

e l'inverso di α è

$1/\alpha = 137{,}036$, che è un altro numero puro.

Anche quest'altra sparata di formule e numeretti ti risulterà poco o niente comprensibile. È naturale. La ragione per cui ho scritto quanto sopra è che il famoso fisico e astronomo Arthur Eddington sostenne negli anni Trenta che, in base ai suoi calcoli teorici, il numero puro $1/\alpha$ era anche un numero intero: 137.

Se l'asserzione fosse stata vera, si sarebbe trattato di una situazione strabiliante. La probabilità che una formula incorporante 4 grandezze fisiche come quella sopra scritta, assuma il valore di un intero deve essere ritenuta evanescente, incredibile, impossibile a tutti gli effetti.

Molti fisici insorsero. Qualche anno prima Eddington aveva sostenuto che il valore di $1/\alpha$ era l'intero 136. Il famoso fisico Pauli aveva commentato:

«Considero il lavoro di Eddington sul 136 una totale follia: più esattamente è poesia romantica, non fisica».

Anche lo storico della matematica americano Eric Temple Bell in un suo delizioso libro del 1933 (*Numerology*, The Williams and Wilkins Company) dà del numerologo a Eddington e dice che la sua asserzione è la più pitagorica che si sia mai sentita dopo la morte del matematico greco.

Nella fisica si trova tutto e il contrario di tutto? Difficile dirlo, se uno non è uno specialista. Eddington, certo, era uno scienziato notevole. Fu il primo a spiegare che l'energia del Sole e delle altre stelle è generata da reazioni nucleari. La storia del 137 ci indurrebbe a ritenerlo pazzo. Credo che la sua asserzione fosse errata. Però i ragionamenti di base di Eddington erano interessanti e apparentemente plausibili. Sono illustrati nel libro di C.W. Kilmister *Eddington's search for a fundamental theory* (Cambridge University Press, 1994).

14. LE SUPERSTRINGHE

Bertrand Russell disse una volta:

> La matematica è quella scienza nella quale non sappiamo di che cosa si parli, né sappiamo se quello che diciamo sia vero.

Saremmo tentati di dire temerariamente qualche cosa di simile anche della fisica. Troveremmo giustificazione in una frase scritta nel Capitolo 1 del libro *The Elegant Universe* (W.W. Norton, 1999) di Brian Greene, professore di fisica alla Columbia University di New York:

> Una parte considerevole della comunità dei fisici e dei matematici si sta convincendo in misura crescente che la teoria delle stringhe può fornire la risposta [... al problema di formulare una teoria fisica unificata dei campi].

Se ne deduce – ed è vero – che buona parte dei fisici (tra i quali alcuni Premi Nobel) non condivide affatto questa convinzione, in base soprattutto alla considerazione che la teoria non ha (ancora?) alcuna base sperimentale.

Intanto altri fisici (tra i quali altri Premi Nobel) affermano di aver trovato basi inoppugnabili alla teoria. Fra questi c'è anche Edward Witten della Cornell University che, secondo alcuni (ma non secondo altri), è il più grande fisico vivente o, forse, di tutti i tempi.

Il principio dell'*ipse dixit* non si accetta più. Quindi non possiamo sperare di decidere se la teoria delle stringhe sia vera o utile in base alla fama di chi la caldeggia e di chi la combatte. Qui, perciò, mi limito a enunciare alcune delle descrizioni del mondo fornite da questa teoria elaborata negli ultimi anni. Lo scopo è, di nuovo, quello di dare un'idea di quali siano i contenuti della ricerca avanzata nella fisica e di far balenare ai profani, specialmente più giovani, quali affascinanti attività potrebbero attenderli se si dedicassero professionalmente a questi studi.

Mi scuso per la mancanza di rigore di quanto segue. Ti avviso che non ho né la cultura, né la competenza per esprimere un parere su queste controversie.

Incidentalmente ammetto che è inopportuno parlare di superstringhe senza aver parlato di tante particelle elementari: neutrini, muoni, quark, glioni, adroni, bosoni e gravitoni. Ne parlo ugualmente perché un discorso metodico sulle particelle richiederebbe di raddoppiare il numero delle pagine di questo libro. Per ora mi sembra inopportuno appesantire il testo. Parlare di superstringhe, invece, è meno impegnativo – se ne parliamo superficialmente – e dà, intanto, un flash sulle frontiere e sulle controversie della scienza.

Secondo i punti di vista di parecchi fisici, dunque, le dimensioni del nostro mondo non sarebbero 4 (3 spaziali e 1 temporale) come avevamo visto a proposito della relatività. Ce ne sarebbero 10 spaziali più il tempo.

Già nel 1919 il fisico Theodor Kaluza aveva suggerito l'esistenza di una quarta dimensione spaziale. Quelle aggiuntive suggerite ora potrebbero svilupparsi su piccoli cerchi, sfere, toroidi (ciambelle vuote) o altre forme strane (forse a sei dimensioni) connesse a ciascun punto dello spazio tridimensionale. Queste 7 dimensioni spaziali aggiuntive sono descritte come molto piccole e arricciate su sé stesse, appunto in una delle forme ora citate.

In questo strano universo nel quale forse viviamo, i componenti elementari sarebbero le stringhe. Si tratterebbe di entità piccolissime (10^{-35} metri): cento miliardi di miliardi di volte più piccole di un nucleo atomico. Nessuno le ha mai osservate, né si potrebbero vedere se non disponendo di un acceleratore di particelle che sia milioni di miliardi di volte più potente di quelli disponibili oggi.

Le stringhe sarebbero i veri atomi – nel senso greco di oggetti indivisibili. Una curiosa petizione di principio nel libro di Greene già citato, dice: «Se le stringhe fossero costituite da qualche cosa di più piccolo, non sarebbero componenti fondamentali».

Sebbene siano fatte di niente, le stringhe vibrerebbero e le loro sequenze di vibrazioni sarebbero la vera origine delle masse e delle forze. Fra queste forze si potrebbe contare anche la gravità. Come ricorderai, i fenomeni gravitazionali NON sono spiegati dall'elettrodinamica quantistica. Invece un particolare tipo di vibrazione di certe stringhe genererebbe i gravitoni, particelle che trasmettono l'attrazione di gravità. L'entità della forza trasmessa sarebbe inversamente proporzionale alla tensione della stringa. Dato che la gravità è una forza molto debole, la tensione della stringa dovrebbe essere di 10^{39} tonnellate, cioè di mille miliardi di miliardi di miliardi di miliardi di tonnellate.

I teorici delle stringhe hanno arguito tante loro proprietà: i modi in cui entrano in collisione e interagiscono, le quantità discrete (nel senso di NON variabili con continuità) dell'energia emessa (con una similitudine alla teoria dei quanti).

Un pregio della teoria delle stringhe sarebbe quello di spiegare tutte le 4 forze fondamentali: gravità, elettromagnetica, nucleare forte e nucleare debole. Sarebbe, perciò, una teoria di tutto (*theory of everything*, come alcuni la chiamano).

Taluno – ardito – sostiene che la teoria delle stringhe dimostra come il nostro mondo sia solo una proiezione olografica di multiversi. Questi sono stati definiti come ipotetici insiemi di universi multipli coesistenti in diverse dimensioni dello spazio o a distanze enormi gli uni dagli altri. Ciascuno avrebbe, come il nostro, tre dimensioni spaziali (o forse di più) e una temporale. Sebbene noti fisici con ottime credenziali (Hawking, Bekenstein, Susskind) li considerino possibili e interessanti, non sono osservabili. Dunque non avrebbe senso parlarne, se lo «Scientific American», nel gennaio del 2011, non avesse pubblicato un'accesa polemica sul tema. Il serio giornalista scientifico John Horgan sostiene che quei fisici famosi sono immorali se perdono tempo a teorizzare su multiversi e stringhe.

Horgan critica duramente il fisico Brian Greene, che sull'argomento ha pubblicato *The Hidden Reality: Parallel Universes and the Deep Laws of the Cosmos* (La realtà nascosta: universi paralleli e le profonde leggi del cosmo – Knopf, New York 2011). Una teoria dei multiversi fu esposta già nel 1957 da Hugh Everett. Un elettrone ha una probabilità p di emettere un fotone e una probabilità (1-p) di non emetterlo, ma un evento non escluderebbe l'altro: se nel nostro universo lo emette, subito si creerebbe un universo alternativo in cui non lo emette. Ogni processo subatomico soggetto all'elettrodinamica quantistica avrebbe l'effetto di sdoppiare l'universo – ne esisterebbero, quindi, moltissimi paralleli e in ciascuno avverrebbero cose diverse. Abbiamo visto come l'elettrodinamica quantistica insegni che su scala subatomica la nostra logica non vale, però non nega il principio di non contraddizione. Un evento o si verifica o non si verifica – *tertium non datur*. Ma *come* conosciamo i fatti?

La conoscenza del mondo fisico si basa su osservazioni di eventi e su deduzioni di regolarità o leggi. Conoscendole extrapoliamo da condizioni iniziali la traiettoria di un corpo macroscopico e ne prevediamo posizioni e velocità future. È un processo deterministico: ci permette, per esempio, di calcolare il percorso di un'astronave. Non sono deterministici, ma probabilistici, i processi influenzati da moltissimi fattori non perfettamente noti o in cui le condizioni iniziali sono mal note oppure in cui gli oggetti considerati sono subatomici.

Abbiamo visto che l'elettrodinamica quantistica permette di prevedere i risultati di esperimenti ancora non effettuati con la precisione di una parte su 100 miliardi. Non consente, però, di prevedere eventuali effetti di fenomeni subatomici su oggetti macroscopici e certo non sull'intero universo. Queste teorie non possono essere confermate né falsificate dall'esperienza: vanno considerate come «vaccinate», cioè non dibattibili, né interessanti.

C'è chi cerca di difenderle sostenendo che altre entità fisiche sono state immaginate da fisici teorici e poi osservate e confermate solo anni dopo. Non è così. Nel 1934 Fermi definì la particella, che chiamò neutrino, la cui emissione avrebbe spiegato il modo in cui un neutrone decade producendo un protone e un elettrone – i neutrini furono osservati da F. Reines nel 1958. Abdus Salam definì nel 1968 i bosoni W+, W- e Z che mediano la forza nucleare debole – e furono osservati da Rubbia nel 1983. Questi quattro scienziati hanno avuto il Nobel per aver definito le caratteristiche di oggetti che, soli, potevano spiegare osservazioni di processi complessi e, poi, per averli osservati e misurati. Dubito che Everett e Witten conseguiranno grande fama per multiversi e stringhe che moltiplicano gli enti senza necessità. Non appassionano, quindi, le fantasie su tre tipi di multiversi separati gli uni dagli altri, oppure spiaccicati gli uni sugli altri creando big bang, oppure che producano paesaggi creando altre dimensioni spaziali. Come scrisse Feynman: «Abbiamo bisogno dell'immaginazione, ma costretta in una terribile camicia di forza». Curioso che nella pagina precedente di *The Character of Physical Law*, Feynman affermasse che «c'è un solo mondo».

Greene arguisce anche che se l'universo è infinito deve contenere copie del nostro sistema solare, della Terra, di noi stessi, che differiscano fra loro solo per qualche dettaglio. Ma anche se queste copie esistono a miliardi di anni luce da noi non possiamo saperlo e non ci fa differenza. Greene azzarda che il concetto di realtà parallele è integrato nello *zeitgeist*, lo spirito della nostra epoca. Emerge, quindi, nelle menti di scienziati illuminati e anche di artisti e scrittori di fantascienza. Però chi scrive fantascienza fa bene a tenere le sue immaginazioni separate dai contenuti di saggi e lavori scientifici.

15. MATERIA OSCURA ED ENERGIA OSCURA

«Gli astri sono pallottoline lontane. Mai le toccheremo. Non ne parliamo», diceva un personaggio di Pirandello. Sbagliava. Studiare storia e origine dell'universo apre la mente, fa capire la materia, offre energia e ricchezza. Per sapere come si evolve il cosmo da 13 miliardi e mezzo di anni, dobbiamo sapere com'è fatto oggi e com'era fatto quando partirono da lontano i raggi di luce che ci giungono oggi dopo milioni di anni. La mole di osservazioni raccolta con telescopi, foto, ricevitori radio, microonde, infrarossi, è tale che i dati sono sparsi ovunque. Per ritrovarli si sta costituendo ora un Osservatorio virtuale: un'immane base dati che vengono integrati, composti, indicizzati su computer. Riporta immagini di un miliardo di stelle e cerca di portare ordine. Compito ciclopico: una sola osservazione del Telescopio spaziale Hubble occupa molti gigabyte. La mole totale raddoppia ogni anno (vedi http://www.ivoa.net/).

I processi e gli stadi intermedi di evoluzione del cosmo sono stati dedotti in base alle leggi della fisica e alle osservazioni. Nel 1929 Edwin Hubble scoprì che l'universo si espande continuamente. Vediamo la lunghezza d'onda della luce di stelle e galassie lontane spostata verso il rosso per effetto Doppler. Così si è risaliti alla probabile età dell'universo riuscendo ad arguire cosa possa essere accaduto anche nelle prime frazioni di secondo dopo il Big Bang. Sono ricostruzioni affette da incertezza.

Allora scienziati inglesi, americani, tedeschi e canadesi hanno formato il Consorzio Virgo (dal nome dell'ammasso galattico più vicino a noi) per costruire un modello matematico che simuli l'evoluzione del cosmo da 380.000 anni dopo il Big Bang a oggi. Il modello include 10 miliardi di stelle, ciascuna con una massa 10 miliardi di volte maggiore di quella del Sole. L'elaborazione viene eseguita su un gruppo di computer IBM che compiono insieme 4000 miliardi di operazioni al secondo. Se le ipotesi di partenza e i processi simulati sono realistici, si arriverà a descrivere un universo abbastanza simile a quello che osserviamo oggi. È uno spazio vuoto che contiene rari elementi, ammassi, filamenti e sfoglie. Se il modello configura un cosmo diverso, ci si riprova. Pare che questo progetto ambizioso, ai limiti del fantastico, abbia un senso anche se, con gli elementi che contiene, rappresenterebbe solo 3 millesimi della massa dell'universo osservabile.

Le incertezze e i misteri sono ancora moltissimi. L'espansione attuale del cosmo, infatti, pare sia del tutto diversa da quella iniziale, chiamata «inflazione» e dovuta alla presunta esplosione originaria. Infatti dovremmo attenderci che, a causa dell'attrazione gravitazionale, prima o poi l'espansione dovrebbe frenare e alla fine giungere a un nuovo collasso che ricompatti tutta la materia. Non è così: negli anni Novanta si scoprì che l'espansione del cosmo accelera. Questo implica l'esistenza di una forza accelerante opposta alla gravità, detta «energia oscura» e che era stata già intuita da Einstein. Secondo alcuni potrebbe essere prodotta proprio dallo spazio vuoto che, secondo le teorie quantistiche, è pieno di particelle virtuali (temporanee) che di continuo si formano, esistono per tempi minimi e poi scompaiono. Nessuno sa se l'energia oscura sia costante o variabile.

Sono necessarie nuove osservazioni. Vengono raccolte nell'ambito di un grande progetto «Oltre Einstein», che mira a spiegare i meccanismi dell'energia oscura cercando di spiegare che cosa accada allo spazio, al tempo e alla materia ai margini di un buco nero. Si ritiene che all'interno di un buco nero la gravità sia tanto forte che nemmeno la luce ne possa uscire, il tempo si fermi e la materia venga attratta inesorabilmente.

Per spiegare questi fenomeni occorre anche postulare

l'esistenza di un tipo di materia diversa da quella che conosciamo. È la materia oscura che costituirebbe l'85% dell'universo. È priva di cariche elettriche, ma non di massa e interagisce debolmente con la materia a noi nota. Non produce radiazioni, non è fatta di atomi e di molecole, ma di particelle che finora non sono state osservate, ma solo ipotizzate. Fra queste, gli axioni: privi di carica e di spin e aventi una massa minima si degraderebbero a fotoni. Fotini: previsti dalla teoria della supersimmetria e aventi spin 1/2. Neutralini e gravitini che hanno massa e che sono soggetti a interazioni deboli. Stentiamo a credere che si possa parlare con precisione di oggetti che nessuno ha mai visto, né misurato. Però anche l'esistenza dei neutrini, prima che fossero osservati, fu calcolata da Enrico Fermi e considerata necessaria perché non fosse violato il principio della conservazione dell'energia nel processo di decadimento di un neutrone a un protone più un elettrone. Sembra anche assurdo che la materia esistente al momento del Big Bang avesse un'estensione minore di quella di un solo protone (come taluni arguiscono), ma la fisica ci sta insegnando che in certi suoi settori la logica non vale.

Su espansione dell'universo, materia ed energia oscure vedi il sito http://www.nasa.gov/home/hqnews/2006/aug/HQ_06297_CHANDRA_Dark_Matter.html della NASA, Goddard Space Flight Center, che offre anche testi divulgativi.

16. LA RIVOLUZIONE PIETRONERIANA, OVVERO LA SCOPERTA DEI FRATTALI COSMICI

[È un capitolo un po' difficile:
alla fine ci sono 4 «approfondimenti»]

«Rivoluzione copernicana» è diventato un cliché. Si usa per indicare un cambiamento radicale nel modo di pensare, spesso senza porre mente all'idea delle orbite planetarie con il Sole al centro. Dal 1987 si discute su un modo molto più innovativo di descrivere il cosmo intero. Il fisico Luciano Pietronero ha sostenuto che l'universo ha una struttura frattale: irregolare, disuniforme, che include immani regioni vuote. Pietronero è il direttore dell'Istituto dei sistemi complessi del CNR, che studia «strutture molto irregolari caratterizzate da dinamiche collettive fra le loro innumerevoli parti». Questa tesi ha generato ampi dibattiti recentemente discussi nel libro di Yurij Barishev e Pekka Teerikorpi *Discovery of the Cosmic Fractals*, World Scientific, 2002 (tr. it., Bollati Boringhieri, 2005).

La parola «frattale» fu coniata da Benoît Mandelbrot nel 1975, ma curve frattali erano state definite molto prima da Weierstrass, Peano e altri. Un frattale è una curva, una superficie o un solido le cui proprietà sono indipendenti dalla scala che presenta, cioè, autosimili. Ogni porzione della curva, anche minima, se viene ingrandita è identica all'intera curva.

Un frattale si può costruire per esempio, sostituendo, in ogni lato di un triangolo equilatero, il segmento intermedio lungo 1/3, con 2 segmenti uguali a esso e formanti angoli di 60° con la posizione precedente del segmento stesso. Si ottiene così una stella di Davide. Si continua su ciascuno dei 12 lati della stella a sostituire il terzo intermedio con 2 segmenti di uguale lunghezza e ancora all'infinito sui lati così prodotti. Si ottiene una curva di lunghezza infinita: è simile a un cristallo di neve e racchiude un'area finita. In nessun punto è possibile tracciare una tangente alla curva. Le figure riportate qui sotto mostrano questa struttura ideata da Niels Helge von Koch nel 1904, nei primi 4 passi del processo descritto (vedi, in: http://www.efg2.com/Lab/fractalsAndChaos/vonKochCurve.htm il programma kochcurve.exe).

I frattali di Mandelbrot sono famosi: curve colorate che sembrano piante fitte di tentacoli, ripetitivi, dettagliati, pieni di volute e di colori strani. Sono di aspetto gradevole, talora un po' inquietanti. Vengono riprodotti spesso a scopo ornamentale anche in edizioni pregiate. La seconda figura rappresenta un tipico frattale: ingrandendo porzioni minime delle spirali si ottengono di nuovo indefinitamente immagini identiche a quelle di partenza. I colori si associano per esempio al numero di iterazioni eseguite per ottenere ogni porzione dell'immagine.

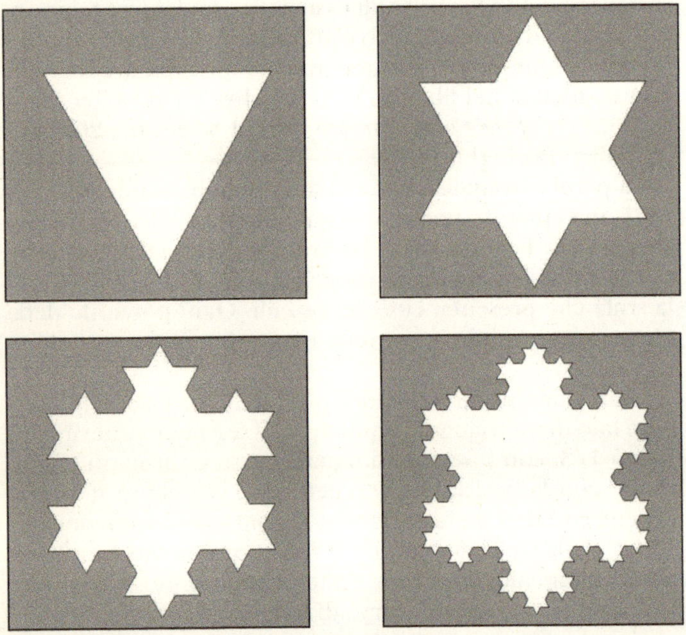

È curioso che le strutture molto complesse dei frattali vengano costruite partendo da formule matematiche di una semplicità estrema (vedi Approfondimento 1 più avanti).

I frattali di questo tipo sono deterministici: la loro struttura è definita formalmente in modo matematico. Quindi l'autosimilarità si conserva fino a parti infinitesime di essi in maniera esatta. La loro forma richiama quella di strutture vegetali, animali, minerali. Queste strutture naturali, invece, appaiono come frattali stocastici, cioè approssimativi, in parte devianti e non autosimili indefinitamente. La loro autosimilarità è verificata in modo statistico e non deterministico.

Per comprendere la ricchezza degli oggetti frattali, è utile considerarne la quantità di massa contenuta in un volume dato – in funzione della dimensione del volume. La massa dei solidi pieni cresce con il cubo della dimensione li-

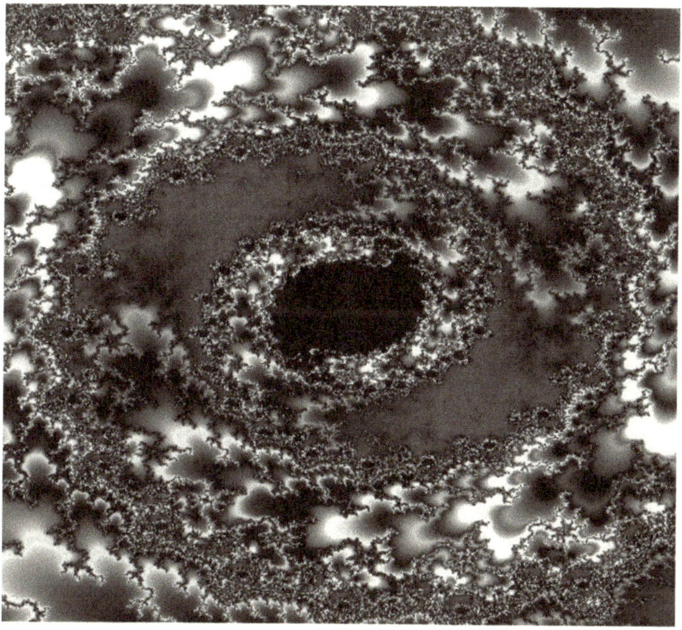

neare: il cubo di lato L ha volume $V = L^3$ (e ha massa proporzionale). La sfera di raggio R ha volume $V = 4 \pi R^3/3$ (e ha massa proporzionale). Invece la massa dei frattali solidi che includono molti vuoti, cresce al crescere della dimensione lineare ed è proporzionale a una potenza D, minore di 3, detta «dimensione frattale». Per esempio, cresce solo con il quadrato. In questo caso, la dimensione frattale D è uguale a 2. La densità di materia in un cubo frattale di lato L con $D = 2$ è $d = L^2/L^3 = 1/L$. Quanto più grande è il cubo, tanto maggiore è L e tanto minore la densità di materia (rapporto massa/volume) che tende a zero. Nel caso della spugna di Menger (vedi Approfondimento 2, *La spugna di Menger*) l'esponente D (dimensione frattale) vale circa 2.7, dunque la densità decresce un poco più lentamente.

La scoperta di Pietronero (possibile dopo la costruzione di grandi e completi cataloghi e mappe di galassie) è che anche le immani strutture cosmiche sono frattali, simili a quelle degli oggetti terrestri citati: tentacoli, ramificazioni vegetali, arteriose, nervose. Per capire la struttura del cosmo dovremmo costruirne mappe in 3D. È arduo perché vediamo lo spazio solo dal punto di vista della Terra o di sonde che se ne discostano poco (meno di una unità astronomica*).

Gli angoli li misuriamo abbastanza bene. Misurare le distanze è molto più arduo (vedi Approfondimento 3, *Come misurare grandi distanze nel cosmo*). Quindi gli astrofisici non possono certo riuscire a vedere strutture frattali come quelle bellissime descritte sopra e illustrate nella figura. Possono, però, calcolarne le caratteristiche. Un principio cosmologico fondamentale dice: «Le galassie sono distribuite in modo u-

* L'unità astronomica (UA) è la distanza Terra-Sole: 149,6 milioni di kilometri (cioè 149,6 Gm, gigametri, miliardi di metri). Un parsec è la distanza a cui si trova una stella che vediamo con un angolo di parallasse di 1 secondo di grado quando la Terra compie mezzo giro intorno al Sole e si sposta quindi di 2 unità astronomiche (300 milioni di kilometri). Un parsec è uguale a 3,08 anni luce, cioè alla distanza percorsa dalla luce in più di 3 anni (è anche uguale a 206.265 UA).

niforme e isotropo» (si vedono in ugual quantità in qualunque direzione si guardi). Questo principio è un'estensione della visione copernicana: non è la Terra il centro dell'universo e nessun punto si può considerare come centro o come privilegiato. Dunque l'universo era visto come omogeneo e isotropo (cioè con proprietà identiche in ogni direzione).

Invece ora Pietronero ha determinato, in base a considerazioni di fisica statistica, che la densità delle strutture costitutive di galassie e dei loro ammassi è autosimile: ha densità tanto minore quanto più grande è il volume considerato. In questo caso vale un principio cosmologico più debole: è, comunque, assicurata l'equivalenza statistica di tutti i punti. Dunque la struttura del cosmo ha andamento frattale e valgono i semplici calcoli della densità che abbiamo fatto sopra. La densità d della materia decresce al crescere della scala S secondo una legge «di potenza». (Questa è del tipo $d = K\,S^{-b}$ dove K e b sono costanti positive.) La legge è formalmente simile alla relazione trovata dall'economista Vilfredo Pareto per descrivere la distribuzione del reddito in un qualsiasi Paese: un singolo riccone ha entrate molto maggiori del numero 2 e, quindi, il reddito decresce in modo graduale, ma tende a zero (all'infinito) molto più lentamente di quanto avverrebbe se l'andamento fosse esponenziale. Delle distribuzioni di questo tipo non si può definire un valore caratteristico (di ogni campione si può definire la media, che decresce all'aumentare delle dimensioni del campione). Queste distribuzioni si chiamano «prive di scala». La stessa legge è seguita dal numero di connessioni (link) di ciascun sito Web nella rete costituita da Internet, come osservato da A.L. Barabasi.

Pietronero e l'astrofisico Francesco Sylos-Labini hanno rilevato questo andamento per distanze da noi che vanno da 0,1 fino a 100 milioni di parsec (Mpc) (vedi Nota precedente sulle distanze astronomiche). Se la materia fosse distribuita uniformemente nel cosmo, la densità sarebbe la stessa ovunque. Pietronero e Sylos-Labini sostengono invece che forse l'omogeneità del cosmo potrebbe verificarsi a distanze maggiori di 100 Mpc.

Le mappe rilevate negli ultimi decenni delle galassie e dei loro ammassi consentono di valutare sempre meglio la densità della materia presente nel cosmo. La materia luminosa (fatta di stelle) che vediamo è solo una piccola percentuale (circa 1/10) della materia totale. I 9/10 sono materia oscura, che non vediamo, ma che si calcola sfruttando il teorema viriale e le lenti gravitazionali (vedi Capitolo 15 e Approfondimento 4, *La materia oscura: non si vede, ma si misura*).

Alcuni astrofisici hanno immaginato che una parte della materia oscura possa produrre una forza di gravità negativa che causa la repulsione mutua delle masse e che sia responsabile dell'accelerata espansione dell'universo. Qui stentiamo a capire (ma lo ammettono anche gli esperti!). Il vuoto cosmico avrebbe una massa gravitazionale negativa (opposta all'attrazione di gravità).

Perché la notte è buia?

La visione del cosmo come una grande struttura frattale rappresenta, dunque, una rivoluzione più profonda di quella copernicana. Gli scienziati si avvicinano a capire l'universo come se potessero vederlo da fuori in 3 dimensioni.

Questi progressi ci aiutano anche a rispondere a quesiti apparentemente elementari, come «Perché la notte è buia?» La domanda non è banale: anche se il Sole sta dall'altra parte della Terra, secondo la visione di un cosmo infinito e uniforme, in qualunque direzione guardiamo dovremmo incontrare altre stelle: anche se sono molto lontane, tutte insieme dovrebbero costituire una cortina luminosa splendente. Perché, allora non è sempre giorno?

Una prima risposta è che la luce delle stelle lontane è intercettata da polvere interstellare. In effetti questa è presente nel piano della nostra galassia, la Via Lattea, e impedisce di vedere altre galassie, invece numerosissime fuori da questo piano. Ora si calcola (vedi sopra e vedi Approfondimento 4) che la maggior parte della materia presente nel cosmo è oscura e anche questa copre le stelle lontane.

Altra spiegazione è che arriva a noi solo la luce che proviene da distanze inferiori a 15 miliardi di anni luce (5 Gpc). Infatti si ritiene che sia questa l'età del cosmo: le stelle più lontane non possono farci arrivare la loro luce perché non esistevano.

Ora il concetto che il cosmo abbia struttura frattale indica che la densità decresce con la distanza e, quindi, non ci arriva luce da vaste zone vuote.

Velocità maggiori di quella della luce?

I misteri non sono certo tutti risolti. Le grandi distanze cosmiche si possono calcolare in funzione dello spostamento delle frequenze verso il rosso (*redshift*) dovuto all'effetto Doppler (vedi Approfondimento 3). La legge di Hubble chiarisce che tale spostamento delle frequenze corrisponde a velocità di allontanamento tanto più forti quanto più distanti da noi sono le galassie considerate. (Ne sono state analizzate centinaia di migliaia e il numero cresce di continuo.) La costante di Hubble è il fattore di proporzionalità fra velocità di allontanamento e distanza. Sul suo valore permangono dubbi: viene valutata fra 50 e 100 km/s per ogni Mpc (megaparsec) di distanza. La legge di Hubble comincia a funzionare a distanza di alcuni Mpc e indica, poi, velocità enormemente crescenti. A distanze estreme (di gigaparsec) la misura del *redshift* sembra indicare velocità di alcune volte maggiori di quella della luce. Ma la teoria della relatività dice che è impossibile superare la velocità della luce. Queste osservazioni, allora, non vengono interpretate come prove di velocità così alte. L'aumento della lunghezza d'onda fu già presentato da Hubble inizialmente come un dato empirico corrispondente a una «velocità apparente». Si ha uno spostamento delle frequenze verso il rosso (*redshift*) anche per effetti gravitazionali, cioè per la perdita di energia dei fotoni che si stanno allontanando da un corpo di grande massa. Lo spettro solare è già percepito da noi spostato verso il rosso di 10^{-6}, il che sembrerebbe corrispondere a una velocità di allontanamento dalla Terra di 30 m/s, che non si verifica in realtà.

Altra spiegazione è stata trovata nella circostanza che è lo spazio intermedio a espandersi di continuo dando l'impressione di velocità in effetti non reali.

I misteri da investigare sono molti. Basti pensare, per esempio, che le vere cause dell'inerzia sono ancora un mistero. L'astrofisico Edward Harrison ha scritto: «Alla domanda "Dove va l'energia in un universo che si espande e da dove viene in un universo che sta collassando?" rispondo: da nessuna parte perché in questo caso l'energia non si conserva». L'idea che possa non valere il basilare principio di conservazione dell'energia (come ricordavo, Fermi si basò su di esso per prevedere l'esistenza del neutrino) ci turba profondamente. La fisica che ci hanno insegnato sembra tremare. La situazione è simile a quella che incontriamo in elettrodinamica quantistica, quando dobbiamo accettare il concetto che un effetto si può verificare prima della causa che lo produce.

Gli astrofisici Yurij Barishev e Pekka Teerikorpi scrivono: «Dobbiamo ammettere che l'universo e le teorie che lo descrivono contengono cose che sorpassano i nostri poteri di immaginazione. ... I nostri occhi sono ottimizzati per vedere il massimo nello spettro della luce solare. Il nostro cervello è costruito per affrontare efficientemente i problemi nel nostro ambiente locale. Non ci stupiamo che i nostri tentativi di penetrare in regioni del mondo molto piccole e molto grandi siano così eccitanti e pieni di sfide».

Sentiamo i fisici spiegarci dettagli del Big Bang illustrando perfino cosa possa essere accaduto quando il nostro universo aveva dimensioni di 10^{-33} cm (un milionesimo di miliardesimo di miliardesimo di miliardesimo di centimetro). Gli scettici fra noi sono tentati di considerare queste affermazioni come extrapolazioni audaci oltre ogni limite.

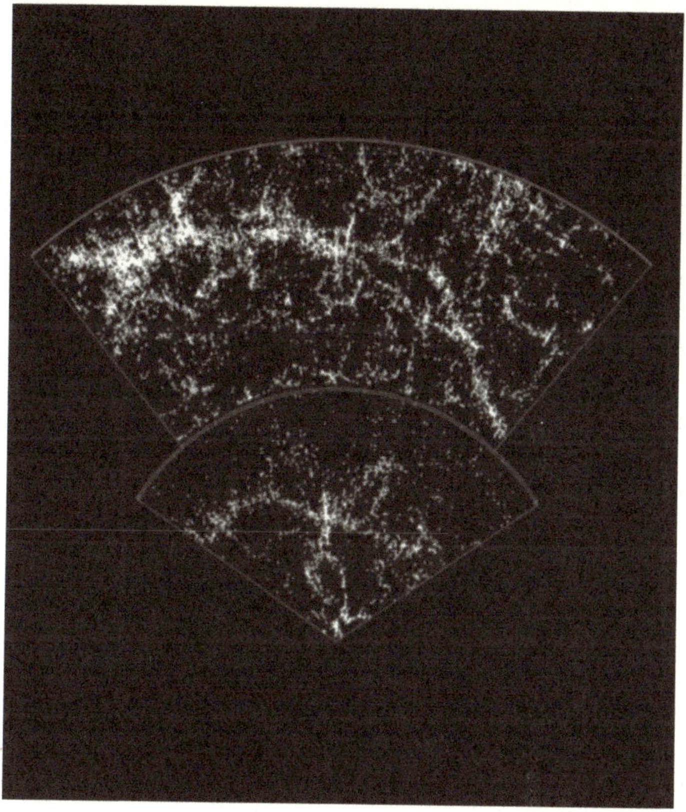

Immagine delle galassie e dei loro ammassi visibili dalla Terra fino a una distanza di circa 300 Mpc corrispondenti a una velocità di allontanamento di 30.000 km/s. Sono visibili le grandi strutture disuniformi e gli immensi spazi vuoti.
[Originale della fig. da:
http://pil.phys.uniroma1.it/%7Esylos/SDSS-CFA2.jpg]

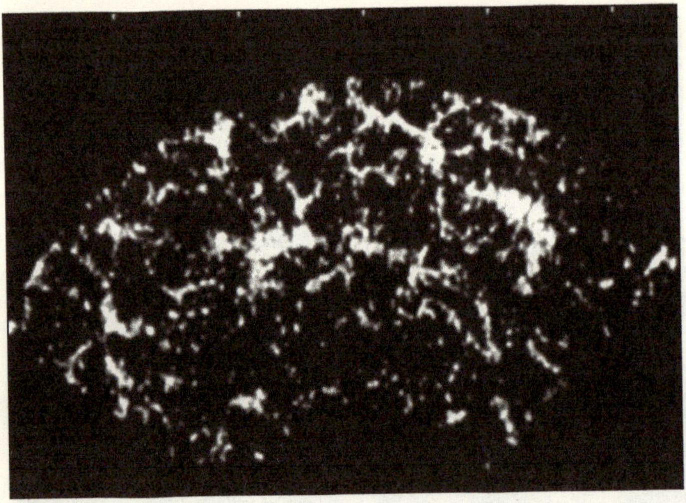

Struttura delle galassie in un campione con dimensioni lineari di 300 Mpc rilevata dallo Sloan Digital Sky Survey ed elaborata da Francesco Sylos-Labini.

(Altre figure di distribuzioni di galassie si trovano su: http://pil.phys.uniroma1.it/%7Esylos/fsl_highlights.html)

APPROFONDIMENTI DI TEMI DEL CAPITOLO 16

1. Mandelbrot

Mandelbrot ottenne figure autosimili tracciando nel piano complesso insiemi di punti che rappresentano sequenze di numeri complessi a partire da due numeri complessi z_0 e c, calcolando $z_1 = z_0^2 + c$ e continuando a calcolare in sequenza $z_{i+1} = z_i^2 + c$. Ricordiamo che un numero complesso è formato da una parte reale x e da una parte immaginaria y che è moltiplicata per i – che è l'unità immaginaria uguale alla radice quadrata di –1. Il quadrato di un generico numero complesso è

$$(x + iy)^2 = x^2 - y^2 + 2\,i\,xy$$

dato che il quadrato di i è $i^2 = -1$

2. La spugna di Menger

La spugna di Menger si ottiene da un cubo di lato L, che si può considerare composto da 27 cubetti di lato L/3. Nel cubo si praticano 3 fori ortogonali eliminando 7 dei cubetto di lato L/3. Ora il cubo ha 20 cubetti pieni e 7 vuoti: la sua densità è diminuita a 20/27 = 0,740740740...

La stessa operazione viene eseguita, poi, sui 20 cubetti rimasti e di nuovo ciclicamente sui cubetti elementari via via ottenuti. La densità diminuisce rapidamente: dopo 9 passi ha il valore 4,3 E^{-34}.

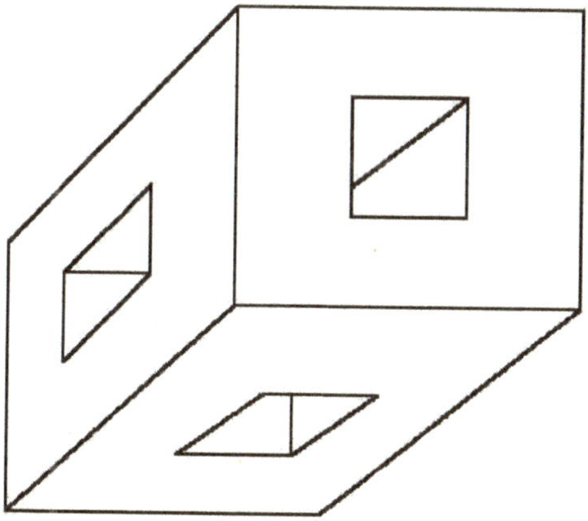

3. Come misurare grandi distanze nel cosmo

Il primo strumento per misurare a che distanza da noi sono stelle o galassie è la parallasse. Si misura di quanto varia l'angolo con cui vediamo l'oggetto cosmico quando la Terra compie mezzo giro intorno al Sole e si sposta, quindi, di 300 Gm. Questa variazione dell'angolo viene presa come angolo al vertice di un triangolo isoscele che ha base di 300 Gm. L'altezza del triangolo è la distanza cercata. Questo sistema non funziona più per stelle e galassie tanto lontane da essere viste sotto lo stesso angolo quando ci spostiamo di 300 Gm.

Per stelle o galassie più lontane, si individuano le stelle cefeidi facenti parte di un certo ammasso. La luminosità delle cefeidi varia ciclicamente con un periodo che è proporzionale alla loro dimensione. In base a osservazioni di cefeidi più vicine sappiamo calcolare come la luminosità vera dipenda dal periodo. Confrontando la luminosità apparente (indebolita alla distanza) con quella vera calcolata, possiamo, perciò, determinare la distanza della cefeide e dell'ammasso a cui appartiene.

Il terzo sistema per determinare la distanza di galassie e loro ammassi è basato sulla legge scoperta da Edwin Hubble nel 1929: l'universo si espande, cioè gli oggetti cosmici si allontanano gli uni dagli altri con velocità proporzionali alla loro mutua distanza. La velocità si determina misurando di quanto si sposta verso il rosso la lunghezza d'onda di radiazioni note come quella dello spettro dell'idrogeno. Il procedimento è lo stesso usato dalla Polizia stradale quando misura la velocità delle auto con il radar-tachimetro.

Sono state analizzate centinaia di migliaia di galassie e il numero cresce di continuo. La costante di Hubble viene valutata fra 50 e 100 km/s per ogni Mpc (megaparsec) di distanza, ma su tale valore permangono dubbi e fioriscono le controversie. La legge di Hubble comincia a funzionare a distanza di circa 100 Mpc e indica velocità enormemente crescenti.

4. La materia oscura: non si vede, ma si misura

Il teorema viriale (da *vis* = forza) dice: «In un insieme di corpi pesanti soggetti ad attrazione gravitazionale mutua, l'energia potenziale è il doppio dell'energia cinetica». Facile dimostrarlo per una massa ferma M intorno a cui una massa m ruota a distanza R e velocità $V = \omega R$. La forza di gravità agente su m è $Gm\ M/R^2$, che è identica alla forza centrifuga:

$$m\ \omega^2 R = Gm\ M/R^2$$

da cui $Gm\ M/R = m\ \omega^2 R^2 = m\ V^2$, ma il primo termine dell'equazione è l'energia potenziale del sistema e l'ultimo è il doppio dell'energia cinetica. Se ne deduce $M = V^2 R/G$.

Il teorema vale anche se le masse sono molte. Se per un sistema lontano (una galassia) determiniamo una velocità V e un raggio R equivalenti, possiamo calcolare la massa M anche se non vediamo la materia che la costituisce.

La massa di grandi corpi celesti si valuta anche usandoli come lenti gravitazionali, dato che il loro campo di gravità deflette la luce di stelle più lontane. L'effetto fu osservato per la prima volta nel 1924. L'angolo di deflessione dovuto alla massa del Sole è minimo (10^{-3} arcsec). Una galassia con massa pari a un miliardo di volte il Sole, può causare una deflessione di 6 arcsec.

17. UNA NUOVA SCIENZA?

Era dal 1638 che nessuno proponeva una nuova scienza. In quell'anno Galileo pubblicò *Discorsi e dimostrazioni matematiche intorno a due nuove scienze* fondando meccanica e scienza dei materiali. (Non conto la scienza nuova di Vico mirata ad altri settori.) Poi negli ultimi tre secoli, da Newton in poi, è sorta la scienza moderna con tutte le sue rivoluzioni. E da qualche anno Stephen Wolfram annuncia al suono di fanfare un nuovo tipo di scienza. Ora mette gratis on line le mille pagine del suo *NKS, A New Kind of Science* su www.wolframscience.com.

Il libro è innovativo, strabiliante, controverso. Propone un'alternativa all'uso dell'analisi matematica per analizzare e modellare i fenomeni fisici. Wolfram ha già fatto molto per la matematica. Ha creato (e affinato negli ultimi decenni) il software *Mathematica*, basato su un suo linguaggio di programmazione, con cui si risolvono in modo automatico problemi matematici: dalla teoria al calcolo numerico e grafico.

Chi usa il programma, scrive in linguaggio simbolico formule anche complicate (integrali, funzioni, derivate, matrici) con variabili reali o complesse. *Mathematica* fornisce formule risolutive e calcola anche i valori dei risultati. Solo gli addetti ai lavori, forse, apprezzano l'enorme utilità dello strumento. Quando ne sentii parlare la prima volta, ero incredulo. Ormai in tutto il mondo scienziati e tecnici di punta lo usano.

Wolfram continua ad affinare e a fornire *Mathematica*. Inoltre lavora da anni alla sua nuova scienza. Partì constatando che semplici programmi (di computer o di applicazione di regole logiche) possono produrre strutture complesse che modellano ogni sorta di processi, fisici e biologici. Propone congetture molto ambiziose e usa uno strumento molto semplice: gli automi cellulari. Wolfram sta precisando e cercando di dimostrare il principio di equivalenza computazionale:

«Esiste un'equivalenza fondamentale fra molti tipi diversi di processi, se sono visti in termini computazionali. Nessun sistema può realizzare calcoli espliciti più sofisticati di quelli effettuati da automi cellulari. Esistono automi cellulari universali per i quali si possono scegliere condizioni iniziali tali che, partendo da esse, eseguano calcoli di ogni possibile complessità».

Tutto ciò suona difficile e astratto. Diventa concreto spiegando come funzionano gli automi cellulari. Somigliano a Life: gioco inventato da John Conway, matematico di Princeton. Si fa con carta a quadretti: si anneriscono alcuni quadretti e si procede per passi. A ogni passo un quadretto nero resta nero se confina con 2 o 3 neri, diventa bianco se ha intorno 0, 1, 4, 5 o 6 neri. Un quadretto bianco diventa nero, se confina con 3 neri. Le configurazioni iniziali scelte cambiano forma, si evolvono, viaggiano per il foglio. Talora scompaiono: escono dai bordi del foglio o si annichilano. Il sito www.math.com/students/wonders/life/life.html illustra il gioco e offre una griglia su cui puoi sperimentare in diretta. Clicchi con il mouse su alcuni quadretti a scelta e stai a vedere che cosa accade alla configurazione scelta. Qui sotto sono rappresentate alcune configurazioni di Life.

Ma torniamo agli automi cellulari, che non sono un gioco. I più semplici partono con un solo quadretto nero su una griglia quadrettata. Poi registriamo nelle righe seguenti quadretti bianchi o neri in base a semplici regole. Queste definiscono se un quadretto di una linea debba essere bianco o nero in funzione del colore del quadretto sovrastante e dei 2 che ha ai lati. Ci sono 8 configurazioni possibili dei 3 quadretti (3 bianchi, 2 bianchi e uno nero [in 3 posizioni possibili], 2 neri e uno bianco [in 3 posizioni possibili], 3 neri). Ci sono 256 regole diverse per definire quando il quadretto sottostante debba essere nero. Come illustrato nella Figura 17.1, la regola scelta qui è:

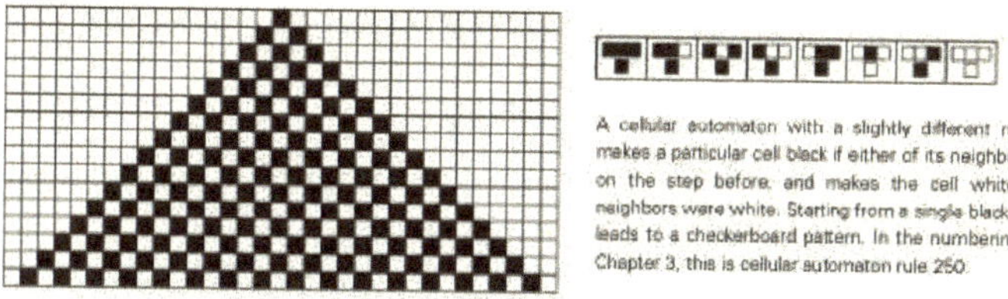

Figura 17.1 Automa cellulare: in ogni riga un quadretto è bianco se quello corrispondente nella riga superiore ha 2 bianchi ai lati, altrimenti è nero (da *NKS*, p. 25).

«In ogni riga un quadretto è bianco se e solo se i due ai lati di quello sovrastante sono ambedue bianchi, altrimenti è nero».

Cioè il quadretto sottostante è nero nelle 8 configurazioni dei 3 soprastanti che indichiamo con un 1 nella sequenza: 1 1 1 1 1 0 1 0 (che in base 2 si legge 250). La Figura 17.1 mostra a sinistra come si riempiono le righe successive alla prima (che ha un solo nero) seguendo la regola detta. Ne consegue la configurazione a scacchiera rappresentata. È regolare e continua a riempire metà del piano nello stesso modo.

A intuito, diremmo: «Qualunque regola si segua, il disegno risultante sarà sempre regolare». Non è così.

Partiamo di nuovo da un solo quadretto nero. Applichiamo la regola che in ogni riga un quadretto è bianco se il quadretto corrispondente nella riga superiore e i 2 che ha a lato sono neri, oppure se il quadretto corrispondente nella riga superiore è bianco e ha un bianco a destra. Il disegno che viene fuori si sviluppa solo a sinistra. Già dalle prime 150 righe – rappresentate nella Figura 17.2 – si vede che è irregolare. Lo si vede meglio nella Figura 17.3 in cui sono riportate 700 righe. La regola ora usata ha il numero 110 (il quadretto sottostante è nero nelle 8 configurazioni dei 3 soprastanti che indichiamo con un 1 nella sequenza:

0 1 1 0 1 1 1 0

(vedi riga in basso a sinistra della Figura 17.2).

È interessante che la regola 110 sia universale. Usandola ripetutamente e partendo da sequenze iniziali più comples-

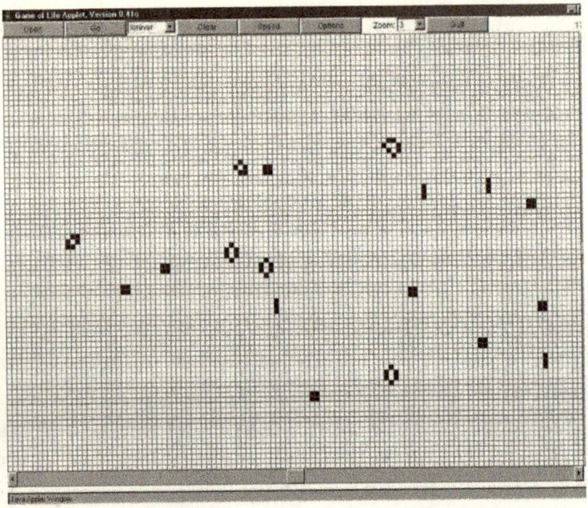

Life: configurazione che si ottiene dopo 1303 passi partendo da «Pentomino», cioè dalla configurazione costituita da 5 celle: 3 in verticale

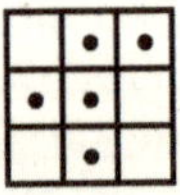

più una a destra della superiore e una a sinistra dell'intermedia. I 4 gruppi di 3 celle in verticale pulsano trasformandosi in 3 celle orizzontali, di nuovo in 3 verticali e così via. Invece la configurazione qui sotto

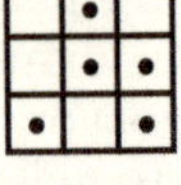

si chiama *glider*, cioè aliante. I quadratini che scompaiono e quelli che nascono fanno in modo che la configurazione si sposti verso l'alto e verso destra, vola via. La configurazione simmetrica rispetto all'asse centrale verticale, invece, vola via verso sinistra in alto. Il pentomino produce 6 alianti prima di raggiungere la configurazione stabile rappresentata in figura.

se (invece che da un solo quadretto nero), si ottiene ogni possibile configurazione. È ancora più interessante che alcune configurazioni rappresentano accuratamente ogni sorta di processi fisici: moto di corpi, campi elettrici, magnetici e gravitazionali. Questi fenomeni, però, sono modellati molto bene con note equazioni matematiche. Gli au-

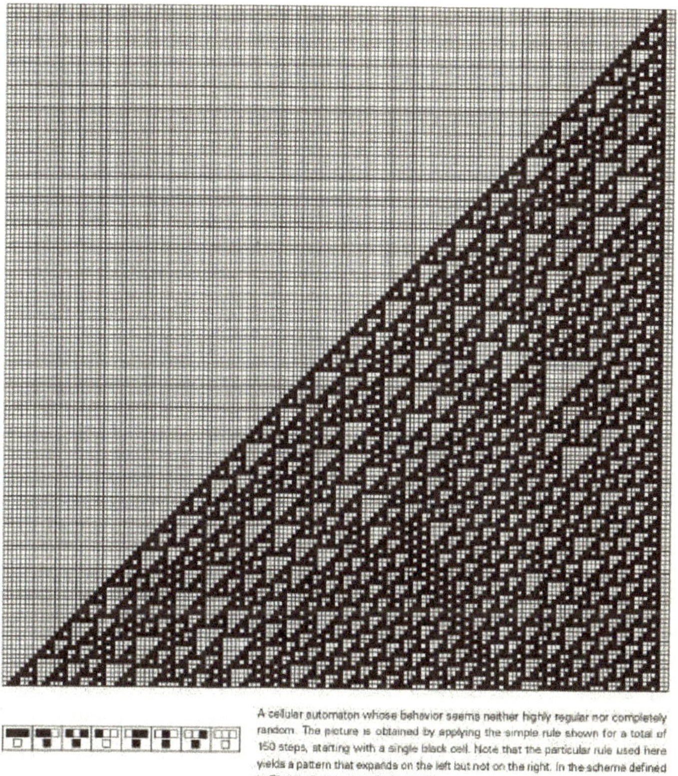

A cellular automaton whose behavior seems neither highly regular nor completely random. The picture is obtained by applying the simple rule shown for a total of 150 steps, starting with a single black cell. Note that the particular rule used here yields a pattern that expands on the left but not on the right. In the scheme defined in Chapter 3, the rule is number 110

Figura 17.2 Automa cellulare con regola 110: in ogni riga un quadretto è bianco se il quadretto corrispondente nella riga superiore e i 2 che ha a lato sono neri oppure se il quadretto corrispondente nella riga superiore è bianco e ha uno bianco a destra. La figura mostra le prime 150 righe (da *NKS*, p. 32).

tomi cellulari di Wolfram rappresentano bene anche fenomeni molto complessi come le volute apparentemente caotiche dei moti turbolenti di fluidi ad alta velocità. Questi processi, invece, non si analizzano agevolmente per mezzo di equazioni matematiche.

Queste constatazioni giustificherebbero il principio di equivalenza computazionale, che Wolfram presenta insieme

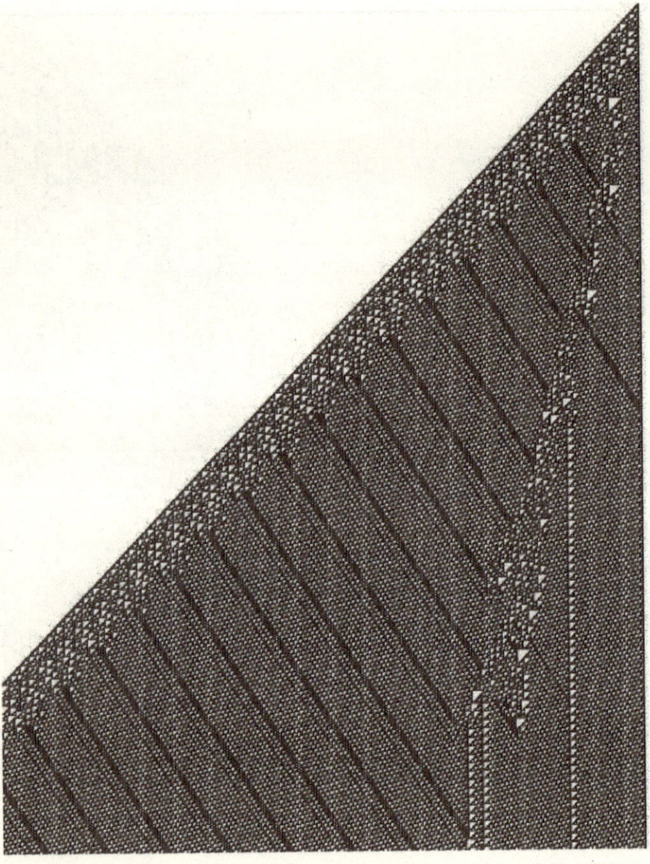

Figura 17.3 Automa cellulare con regola 110, come in Figura 17.2, ma continuato per 700 righe (da *NKS*, p. 33).

come una legge della natura o una definizione o un insieme di fatti astratti. La congettura essenziale è che le configurazioni o immagini prodotte dagli automi cellulari possono rappresentare e, in un certo senso, spiegare ogni processo fisico, chimico, biologico. Sarebbe una via per spiegare come si genera l'enorme complessità delle forme animali e vegetali. Questo lavoro immane e affascinante non è ancora completato. Wolfram continua a lavorarci con i suoi collaboratori.

Si tratta di una struttura ramificata e illimitata. Può essere usata per generare frattali e anche per simulare macchine di Turing. (Queste sono semplicissime strutture logiche concettuali – non costruite in pratica – capaci di simulare il comportamento di qualsiasi possibile computer.)

È molto difficile prevedere dove porteranno queste ricerche. Le procedure fisico-matematiche tradizionali da Newton in poi ci hanno preparato al punto di vista che gli stessi strumenti logico-matematici si possano usare in contesti diversi. Infatti le stesse equazioni e le stesse formule descrivono con alta precisione processi fisici molto diversi: le azioni di campi elettrici, magnetici, gravitazionali, i flussi di elettricità, di calore e di fluidi e così via.

Mi sembra, però, che esista una difficoltà seria. Non pare che sia stato trovato un modo per determinare quali siano le regole di generazione degli automi cellulari che portano a produrre configurazioni che descrivono certi fenomeni piuttosto che altri. Se davvero, le regole da applicare andassero sempre cercate a caso, lo strumento sarebbe difficile e lento da applicare. Altra obiezione ancora più basilare: «Con un modello matematico tradizionale da certe premesse si deducono relazioni analitiche che permettono di formulare previsioni. Per esempio, facciamo l'ipotesi che i gravi si attraggano con forza inversamente proporzionale al quadrato della distanza e direttamente proporzionale al prodotto fra le masse. Su questa base e postulando che le accelerazioni sono proporzionali alle forze applicate, deduciamo le orbite dei pianeti e le traiettorie dei gravi nel campo gravitazionale terrestre. Invece con la nuova scienza di Wolfram si constata che certe traiettorie sono disegnate da un automa e risultano identiche a certi processi meccanici o di moto di particelle cariche in un campo elettrico. Allora si può dire: «Curiosa coincidenza», però non si formalizza un meccanismo di spiegazione, né si possono prevedere risultati futuri di esperimenti, che è l'obiettivo centrale della fisica matematica.

Ma sarebbe sbagliato saltare a conclusioni affrettate. Questa scienza di nuovo tipo contiene complessità, ragionamenti, distinzioni e aperture ben più vaste di quelle che ho qui illustrato.

Basta pensare che le regole possono dipendere non solo da 3 celle di uno stadio precedente ma da molte di più. Un salto ancora più ardito (e difficile da trattare) si può fare non limitando solo a 2 i colori dei quadretti. Ne potremmo considerare 4, 8, 16 o anche molte migliaia. Gli automi a 2 colori applicano regole derivate dalla logica a 2 valori, quella aristotelica che accetta il principio di non contraddizione (*tertium non datur*). Usando più colori bisogna ricorrere a logiche multivalenti. Queste sono già state studiate da anni, ma sono difficili da usare: i risultati vanno computati passo passo, non riusciamo a intuirli. Vale la pena di cominciare a interessarsi di questi sviluppi. Forse i nostri nipoti a scuola impareranno gli automi cellulari, prima o invece dell'algebra.

I testi di conferenze in cui Stephen Wolfram illustra le sue complesse invenzioni, sono sul sito: www.stephenwolfram.com/publications/talks/.

Gli automi cellulari possono crescere anche in 2 dimensioni. In questo caso esiste un centro di simmetria e lo sviluppo della configurazione iniziale sembra produrre modelli delle forme assunte dai fiocchi di neve. Wolfram commenta che queste regole e le forme che ne derivano non possono servire a modellare, né a prevedere a che velocità cresca ognuna delle sei protuberanze a una data temperatura.

Riporto, infine, un'altra immagine di struttura generata da un automa cellulare (da *NKS*, p. 67 – vedi Figura 17.3): ha un aspetto funerario o gotico, ma non ha certo solo carattere ornamentale.

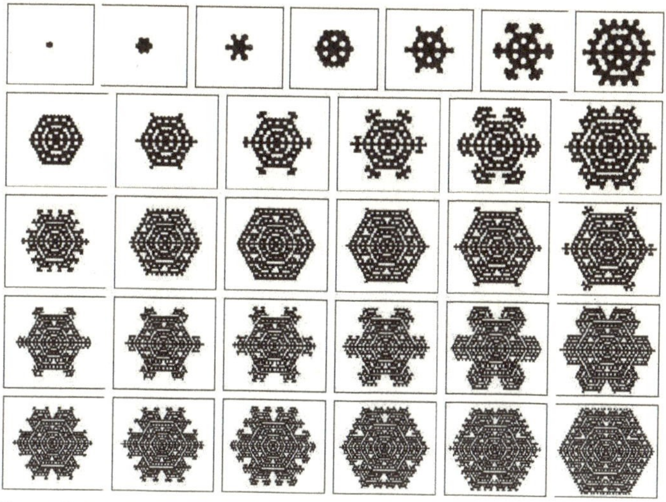

Figura 17.4 Automi cellulari in 2 dimensioni (da *NKS*, p. 371).

18. PARAFISICA, PARAPSICOLOGIA E IPERPSICOLOGIA

Raymond Queneau, autore di libri divertenti (*Zazie dans le métro, Les fleurs bleus*), fondò con i suoi amici un movimento chiamato «patafisica». Non si proponevano nessun obiettivo serio. Facevano solo scherzetti verbali (talora un po' troppo prolungati). Si riunivano per mangiare e declamare parodie. Producevano decorazioni di ceramica da portare sull'abito da sera in occasioni ufficiali. Insomma: non avrei ragione di citarli se non per fare il parallelo che ti propongo qui sotto.

Non hanno, invece, intenzioni umoristiche, ma fanno affermazioni buffe e separate dalla realtà i credenti nella parapsicologia o parafisica. Ritengono che alcuni esseri umani (o tutti, se raggiungessero stati superiori di coscienza o di energia biomagnetica) possano leggere il pensiero di altri, vedere oggetti distanti kilometri o nascosti da schermi opachi, prevedere eventi futuri, trasmettere e ricevere messaggi telepatici a e da altri esseri umani o animali, muovere oggetti materiali con la forza del pensiero. Questa disciplina viene chiamata da alcuni parafisica: più comunemente si chiama parapsicologia perché sostiene che nei fenomeni considerati entra in gioco la psiche umana. I parapsicologi sostengono di avere prove sperimentali delle loro credenze, ma le loro dimostrazioni non sono convincenti. Talora vengono fatte al buio. Talora vengono fatte senza la presenza di osservatori indipendenti. Talora vengono semplicemente raccontate o documentate con fotomontaggi. Non c'è da meravigliarsi che i parapsicologi non vengano presi sul serio dalle persone ragionevoli. Loro naturalmente si lamentano di essere trascurati e disprezzati da quella che chiamano scienza ufficiale (vedi quanto dicevo nel Capitolo 2).

Non ha molto senso discutere se certe ricerche siano scientifiche o se un modello di ricerca sia una scienza o no. Ci sono scienziati incompetenti o imbroglioni che fanno scienza in modo errato e vengono quasi sempre smascherati dai loro pari. Dunque è più ragionevole parlare di scienza buona o cattiva che non di scienza e non scienza. Così ero tentato di ignorare l'ultimo capitolo del libro di Paul M. Churchland, *On The Contrary*, intitolato *How Parapsychology Could Become a Science* (The MIT Press, 1998) (Come potrebbe la parapsicologia diventare una scienza).

Ritengo sia facile refutarne il contenuto, ma ha il merito di stimolare linee di ricerca non triviali. L'argomento di Churchland è riassunto in uno dei paragrafi finali del capitolo in questione (p. 315) e nella chiusa (p. 319) in questo modo:

> [...] the dogged experimental pursuit of paraphysical results within a vacuum of genuine paraphysical theory seems to me to be methodologically barren, even if the experiments are performed with meticulous care and even if they produce some genuinely puzzling results. Brownian motion was also a deeply puzzling result and it too was found by respectable researchers using respectable techniques. But it did not count a fig against classical thermodynamics, nor would it ever have done so, save that the new kinetic theory finally gave intelligible form to the significance. What parapsychology needs more than anything else, therefore is some specific and substantial theory to give form to its vague aspirations and systematic guidance to its experimental activity. [...]
> Parapsychologists have not provided the raw conceptual materials with which to construct a coherent and well-motivated research program, even if materialism is in fact false. That is why parapsychology remains a pseudoscience.

> [...] la pervicace ricerca sperimentale di risultati parafisici in un vuoto di genuina teoria parafisica mi sembra metodologicamente sterile, anche se gli esperimenti vengono eseguiti con cura meticolosa e anche se producono risultati effettivamente sorpren-

denti. Anche il moto browniano era un risultato profondamente sorprendente e anch'esso fu trovato da ricercatori rispettabili che usavano tecniche rispettabili. Ma non contò un fico contro la termodinamica classica, e non avrebbe mai contato niente, se non fosse intervenuta la nuova teoria cinetica che finalmente fornì una forma intelligibile al suo significato. La parapsicologia ha bisogno più che di ogni altra cosa di una teoria specifica e fondante che dia forma alle sue vaghe aspirazioni e fornisca una guida sistematica alla sua attività sperimentale. [...]
I parapsicologi non hanno prodotto i materiali concettuali di base con cui costruire un programma di ricerca coerente e ben motivato, anche se il materialismo si dovesse rivelare in realtà falso. È per questo che la parapsicologia resta una pseudoscienza.

Ci sono, in effetti, ragioni più gravi per cui la parapsicologia rimane una pseudoscienza. La prima è che Churchland stesso non riesce nemmeno a ventilare quali tipi di fenomeni o processi potremmo analizzare e usare come base per nuove teorie parafisiche. Nel testo Churchland ammette che i pretesi fenomeni portati a sostegno dai parapsicologi sono insussistenti: non osservati sotto controllo, non ripetibili o dimostrati essere giochi di prestigio.

La seconda ragione è che, in effetti, esistono teorie di sostegno a interpretazioni parafisiche, ma sono tutte ingenue e spesso risibili.

Una delle più elaborate è la base teorica della precognizione spiegata da J.W. Dunne (*An Experiment with Time*, A. & C. Black, 1927) come conseguenza della pretesa bidirezionalità del tempo compatibile con le equazioni di Schrödinger. Il libro comincia con una trattazione passabile: sembra serio. Poi si perde in considerazioni infantili su leggende e racconti di sogni premonitori presi come risultati sperimentali probanti e in teorizzazioni folli.

Le teorie riguardanti chiaroveggenza e telepatia sembrano sostenere in modo implicito e senza riscontri sperimentali che alcuni esseri umani sono dotati di recettori atti a percepire a distanza più o meno grande immagini e pensieri di altri esseri umani. Le teorie sulla telecinesi postulano che alcuni individui hanno il potere di produrre con il solo pensiero forze fisiche (atte a muovere corpi materiali con un'accelerazione inversamente proporzionale alla loro massa).

In tutti questi casi sarebbe facile sviluppare una teoria se esistessero esperienze probanti: ma sono queste che mancano del tutto. Credeva erroneamente il contrario il matematico Alan Turing. Alla fine del suo famoso lavoro *Computing Machinery and Intelligence* (apparso su «Mind» nel 1950) sostiene che la telepatia è un fenomeno accertato e che a un computer sarebbe impossibile imitare la chiaroveggenza di un uomo dotato di poteri telepatici!

Ma Churchland ha ragione quando, riprendendo un argomento di Feyerabend, propone «che si sviluppino teorie nuove e alternative per fornire nuove interpretazioni di dati sperimentali vecchi e familiari» (p. 307). Propongo qui che uno dei più interessanti e poco studiati fenomeni psichici è quello che si verifica quando esseri umani capiscono fenomeni naturali e formulano teorie che li spiegano permettendo così di prevedere il risultato di esperimenti nuovi prima che vengano eseguiti: la sola forma reale e ben documentata di precognizione.

Mi riferisco ovviamente ai progressi della scienza, fenomeno ampiamente noto e dimostrato, ma i cui meccanismi sono ancora oscuri. È indiscusso che la scienza progredisca notevolmente. Il processo non è continuo e occasionalmente avviene con notevole rapidità. Questo indica che il processo non è casuale. In fisica si dimostra che un progresso casuale lungo un asse cartesiano avviene da un punto di partenza in uno dei due versi possibili (a caso) e che la distanza raggiunta dall'origine è proporzionale alla radice quadrata del tempo, cioè è molto lento.

Qui non c'è dubbio: gli individui responsabili del progresso scientifico hanno poteri (di osservazione, analisi, sintesi, deduzione, formulazione di ipotesi) superiori a quelli della media degli umani. Gli altri scienziati che non hanno questi poteri o li hanno in misura minore, ne riconoscono l'esistenza, ma li sanno definire solo rozzamente e hanno idee vaghe sulla loro genesi.

I poteri di introspezione dei grandi scienziati, poi, sembrano essere scarsi. Il chimico Kekulé raccontò di aver sognato un serpente che si mordeva la coda la notte prima di intuire la struttura ad anello del benzene (C_6H_6). Il matematico Poincaré riuscì solo a riferire considerazioni piuttosto banali sui propri processi mentali precedenti la scoperta di nuovi teoremi. È esperienza comune di matematici e ricercatori quella di andare a dormire senza aver trovato la soluzione di un problema difficile e di svegliarsi la mattina dopo con tutta la soluzione chiara in mente. E non è affatto chiaro che cosa accada nel loro cervello durante il sonno. Poco ci aiutano questi fatti a capire i meccanismi implicati.

A causa della complessità del cervello umano, che è di molti ordini di grandezza superiore a quella del genoma umano, dobbiamo accettare il concetto che le capacità intellettuali e di apprendimento degli esseri umani sono determinate in misura preponderante dall'ambiente e dalle esperienze avute (sembra anche – o prevalentemente – in tenera età). Non esistono, però, registrazioni metodiche e complete di dati sulle prime esperienze e sull'educazione dei grandi scienziati.

Converrà, quindi, iniziare un programma di addestramento dei genitori perché registrino fatti salienti, approcci educativi, traguardi intermedi, carattere, ambiente, in cui crescono tutti i bambini. Quando alcuni fra di essi raggiungeranno notevoli successi nel formulare teorie scientifiche nuove di alto valore, si cercherà di correlare o collegare queste prestazioni con i record relativi all'ambiente culturale dello scienziato dalla nascita alla maturità.

L'interesse scientifico delle osservazioni e delle analisi proposte è ovvio. Il compito sarà arduo e prenderà vari decenni. Oltre all'interesse scientifico intrinseco, una migliore comprensione di questi complicati processi psichici potrà fornire utili indicazioni sia a fini pedagogici generali, sia al fine di organizzare meglio la formazione professionale degli scienziati.

La parapsicologia (o parafisica) indaga su presunti poteri di alcuni uomini di esercitare a distanza azioni in effetti inesistenti (telepatia, telecinesi, chiaroveggenza, precognizione). Possiamo chiamare «iperpsicologia» l'indagine su poteri che certi uomini ovviamente hanno di capire i meccanismi naturali e di saperne prevedere con esattezza gli sviluppi.

19. I FENOMENI SOCIO-ECONOMICI SI POSSONO SPIEGARE COME QUELLI FISICI? (GLI USI PERVERSI DELLA MATEMATICA)

«Il difetto sta nel manico!»

Si dice ironicamente all'artigiano che cerca scuse per le pecionate che combina sostenendo che i suoi arnesi sono difettosi. Anche gli economisti e i sociologi commettono spesso gravi errori quando cercano di spiegare i meccanismi dell'economia di un Paese e di prevedere gli andamenti della Borsa o dei cambi, le congiunture o le grandi tendenze della società. Alcuni di loro, quindi, hanno biasimato gli strumenti intuitivi usati nel passato e hanno cercato di prendere in prestito gli strumenti matematici, ipotetico-deduttivi e logico-sperimentali tipici delle scienze esatte. Vilfredo Pareto fece osservazioni acute e formulò teorie affascinanti più di cento anni fa. Pure, nell'ultimo secolo i successi dell'economia matematica sono stati scarsi.

L'impresa non è facile perché i fattori in gioco sono numerosissimi, gli esperimenti difficili e talora impossibili, le osservazioni ardue e, perciò, i dati di partenza incerti o troppo scarsi. Si sono costruiti modelli formali: econometrici (studiano variabili economiche misurabili e le loro relazioni), socio-economici (legano insieme variabili economiche e sociali), globali (tentano di esprimere per mezzo di equazioni le relazioni fra variabili che governano la socio-economia del mondo intero). Le procedure usate somigliano (ma non sono identiche) a quelle usate nella fisica: si osservano regolarità, si isolano fattori per decidere se davvero da essi soli dipendono certe conseguenze, si formulano ipotesi e se ne deducono conseguenze logiche, confrontate poi con quanto realmente accade. Negli ultimi decenni sono stati costruiti modelli matematici computerizzati per analizzare la struttura di processi complessi e per cercare di valutare a priori quali potrebbero essere le conseguenze comparate di politiche di intervento alternative e di prevedere l'avvenire di sistemi socio-economici anche relativi all'intero pianeta.

La costruzione di modelli globali trova limiti stringenti nella complessità massima ammissibile. Taluni ripetono spesso il concetto che ogni modello deve essere progettato per fornire una o poche risposte a quesiti precisi, ma questa è una petizione di principio. Infatti a priori non sappiamo quali porzioni di un grande sistema o quali dipendenze funzionali possano essere trascurate o postulate per fornire certi risultati in ambito più limitato.

Altrettanto vitale la questione dell'eventuale impossibilità di emettere giudizi oggettivi sui *listings* dei programmi usati dal modello, sulla fedeltà del listing alla teoria, sui *printout* ottenuti, sulla coerenza fra teoria, *listing*, *printout* e descrizione discorsivo-letteraria dei risultati ottenuti. Certo non ha senso produrre modelli su cui sia possibile formarsi un'opinione e formulare giudizi solo dopo un lavoro di qualche anno a tempo pieno.

Gli stessi concetti e teorie di base di molti modelli proposti sono largamente discutibili dal punto di vista epistemologico. In questo campo non si possono individuare criteri semplici per assegnare un valore più alto – concettuale o predittivo – a una teoria piuttosto che a un'altra.

In ogni caso, la maggior parte dei modelli globali viene presentata come struttura costituita da:

- una teoria che definisce la corrispondenza fra mondo reale e modello, in base a ipotesi e a rilevazioni di certe regolarità;
- un programma di computer che permette di elaborare la teoria in modo automatico su elaboratore, utilizzando input costituiti da basi dati e serie storiche esistenti o costruite *ad hoc*;

- i risultati numerici o grafici forniti dal funzionamento di detto programma;
- i testi esplicativi e divulgativi intesi a spiegare tutto questo processo e a suggerire interpretazioni dei risultati.

Quindi si può istituire un parallelo fra un modello globale e una teoria relativa a processi fisici, accompagnata da una serie di esperimenti che la confermano. Ma ci sono notevoli differenze. Dirac scrisse:

«Il solo scopo della fisica matematica è quello di calcolare risultati che possono essere confrontati con gli esperimenti».

La differenza fra teorie fisico-matematiche e modelli globali è che con i modelli globali gli esperimenti non sono fattibili, si tratta di aspettare che certi eventi si siano verificati senza influire su di essi e giudicare poi della corrispondenza con le proiezioni. Però questi confronti sono ardui, e talora non significativi e non probanti.

Per comprendere in modo adeguato la reale struttura e i reali meccanismi interni di un modello globale, le connessioni fra i 4 componenti sopra citati dovrebbero essere trasparenti e facili da analizzare. Non sempre è così.

Le difficoltà che si incontrano per comprendere programmi di computer elaborati da altri e non documentati e validati in misura adeguata sono notevoli. Da questo discorso si derivano le prescrizioni seguenti:

- teoria e concetti di base di un modello globale vanno esposti in modo chiaro e completo;
- i *listings* vanno pubblicati ed eventualmente forniti su supporto. Sarà bene redigerli in linguaggi noti, documentarli e commentarli ampiamente per renderne facile la comprensione;
- i risultati vanno pubblicati in mole adeguata, ma non così estesa da essere illeggibili;
- la validazione va spiegata;
- le descrizioni discorsive vanno correlate passo passo con gli altri processi.

Deve essere analizzato accuratamente il rischio di falsare i rapporti fra teoria, programmi di computer, risultati e loro interpretazione per implicazione. Con questo termine alludo ad asserzioni o pretese che non vengono espresse esplicitamente, ma, appunto, implicate dai formati e dalle procedure di presentazione del modello.

Un esempio calzante è dato dal manuale utente (*User's Manual*) pubblicato dal prof. Mihajlo Mesarovic nel 1975 per facilitare l'uso del suo grande modello computerizzato dei processi socio-economici mondiali. Il modello consisteva di 15.000 equazioni.

Il manuale forniva in 50 pagine le nozioni e le procedure che un utente deve apprendere per poter usare il modello o per poter partecipare in modo informato a una sua dimostrazione. La parte introduttiva del manuale ricorda i concetti di base del modello (chiamato qui PAT, Policy Analysis Tool, Strumento di analisi strategica) in modo generale:

– ogni politica deve essere specificata in espliciti termini operativi;
– bisogna scegliere gli indicatori in base a cui giudicare il successo o il fallimento di una strategia prescelta;
– bisogna identificare i rapporti fra strategia e indicatori.

Mesarovic spiegava che il PAT serve a rispondere a domande del tipo «se..., allora che cosa...?» (if..., then...). L'ipotesi viene definita per mezzo di uno scenario che poteva essere creato su moduli prestampati, limitandosi anche a un solo settore, come quello petrolifero o quello alimentare.

Già questa possibilità contraddiceva le ipotesi di base del modello originale, secondo le quali i meccanismi globali da analizzare dipendono criticamente dalle interazioni fra i vari livelli e fra i diversi settori a ciascun livello.

Lo scenario relativo alla situazione mondiale del petrolio viene definito semplicemente scegliendo una fra le tre possibilità offerte per ciascuno di 10 fattori. Questi sono: stima delle risorse potenziali, riduzione della domanda in funzione del prezzo, aumento dell'offerta in funzione del prezzo, aumento percentuale annuo del prezzo, limite superiore del prezzo, politica di riduzione dei consumi, relazione fra prezzo del petrolio e costo dei beni di investimento, tasso di sviluppo economico desiderato, politica demografica, riciclaggio delle risorse finanziarie.

Le scelte possibili sono 3^{10}, cioè 59.049. Viene offerta anche la possibilità di disegnare tre diagrammi: andamento del prezzo del petrolio, andamento dell'entità massima delle esportazioni dal Medio Oriente; tasso di sviluppo economico dei Paesi industriali. I valori massimi e minimi per questi tre diagrammi, però, erano già prefissati.

Qui l'implicazione è che le scelte a disposizione siano praticamente illimitate, dato che 59.000 è un numero piuttosto grande. Le scelte, però, non erano tanto diverse le une dalle altre. Per esempio, il prezzo massimo del petrolio poteva variare tra 10.50 e 16.50 $/barile. La stima delle risorse potenziali totali può variare fra 2 e 3 terabarili. Il tasso di sviluppo economico può variare fra 1 e 6%. A parte questi vincoli, non c'è un modo semplice per confrontare fra loro due scenari fra i 59.000 possibili.

Se, poi, l'utente non sceglie nessuna delle tre alternative proposte, il modello assume un valore medio per default.

Accade, così, che anche un utente che non capisca quasi affatto la plausibilità o il significato delle scelte che fa, può usare il modello e produrre risultati.

In altre parole l'implicazione è che il modello funzioni come uno strumento di previsione, anche se, in effetti, produce in ogni caso diagrammi e tabelle senza valutare la loro plausibilità e il loro vero significato.

Qui un problema di fondo è che le connessioni fra teoria, programmi di computer, risultati e relazioni esplicative dovrebbero essere presentate in linguaggi diversi, a livelli diversi e per scopi diversi a seconda dei destinatari.

Il grande pubblico dovrebbe ricevere un impatto culturale, utile per diffondere abitudini più costruttive e per creare un'opinione pubblica di supporto a decisioni strategiche governative. A questo scopo le spiegazioni non dovrebbero avere carattere tecnico. Forzatamente dovrebbero essere basate sull'autorità o la chiara fama delle persone che le redigono. Però la comunità scientifica – fonte della validazione per teorie e risultati di ricerche scientifiche – non è affatto unanime in merito ai modelli globali.

La presentazione ai decisori industriali o governativi dovrebbe essere fatta a livelli più approfonditi. Accade, però, che anche i decisori siano culturalmente poco preparati. Quindi, in ultima analisi, la presentazione a loro diretta dovrebbe essere commisurata ai livelli di competenza dei consulenti dei decisori, che sono molto variabili.

Considerazioni analoghe vanno fatte sui modelli globali del clima terrestre. Le proiezioni catastrofiche che hanno prodotto sono state contraddette dal fisico Freeman Dyson in *Many Colored Glass, Reflections on the Place of Life in the Universe* (Vetri policromi, riflessioni sul posto della vita nell'universo), University of Virginia Press, 2007. John R. Christy (membro dell'IPCC, Intergovernmental Panel on Climate Change e direttore del Centro di Scienza dei sistemi terrestri dell'Università dell'Alabama) ha pubblicato un rifiuto motivato della sua porzioncina di Premio Nobel per la Pace 2007 in un articolo sul «Wall Street Journal» dell'1 novembre 2007.

Bisogna stare attenti, dunque, a non usare in modi perversi gli strumenti matematici. Sono perversi gli usi della matematica a scopi criminali. Si tratta di calcoli addomesticati per vendere prodotti, servizi o studi difettosi, che sono tali perché chi li fa non sa farli meglio o perché costano meno di quelli buoni. Nella stessa categoria ci sono i falsi in bilancio e i trucchi contabili. È notoriamente pericolosa per il pubblico non esperto la falsa scienza (quella paranormale, la percezione extrasensoriale – ESP –, i timori di rischi inesistenti, le teorie cosmologiche o fisiche prive di senso: gratuite, vaghe, hegeliane). Ma sono più dannose le pretese certezze proposte da scienziati che godono per un certo tempo di fama e successo (Bienveniste, Lysenko).

Si presta a usi perversi sia la matematica più difficile, sia quella più facile come i sistemi di equazioni lineari algebriche mal condizionati. Per esempio, il sistema

$$x = 1 + [1 + 10^{-6}]\, y$$
$$x = y$$

ha soluzione $x = y = -10^6$, ma se cambiamo il coefficiente di y nella prima equazione e lo poniamo uguale a $[1 - 10^{-6}]$, allora la soluzione diventa $x = y = + 10^6$, cioè alterando un coefficiente di due milionesimi soltanto, la soluzione passa da + 1.000.000 a – 1.000.000!

Particolarmente perversi sono i trasferimenti interdisciplinari indebiti. Vedi la teoria del caos male applicata da Prigogine (su questo vedi J. Bricmont, *Science of Chaos or Chaos in Science?* UCL, B-1348 Louvain-la-Neuve, Belgio; bricmont@fyma.ucl.ac.be; scrivendogli, manda gentilmente copia). Citano a sproposito i processi caotici anche alcuni studiosi di dinamica dei sistemi come George Backus (Policy Assessment Corporation di Denver, Colorado); Comunicazione su BBS Systemdynamics 1996: «If a Systems Dynamic model supplies a scatter plot of results, this is one of the most informative [outcomes], as it can also show if chaos kicks in anywhere and what its impact on the overall system performance is»: «Se un modello di dinamica dei sistemi fornisce risultati dispersi come una nube, questo è uno dei risultati più ricchi di informazione che si possa ottenere, poiché ci indica se si verificano situazioni caotiche da qualche parte e quale impatto possono avere sul funzionamento del sistema». Il concetto è errato: per riconoscere il caos dal rumore in fenomeni fisici, occorrono alcune centinaia di migliaia di valori misurati, non una serie storica qualunque, magari di poche centinaia di valori osservati.

È ben noto che modelli e leggi fisiche sono solo rozze approssimazioni della realtà valide in certi intervalli di valore delle variabili. Quanto rozze? I fisici calcolano i risultati di esperimenti che non hanno ancora eseguito e che – eseguiti – confermano i calcoli con errori di 10^{-6} o di 10^{-9}. In altri casi i valori osservati e misurati sono affetti da rumore e si raggiungono solo accuratezze dell'1%. Le relazioni matematiche usate danno allora descrizioni più rozze. Un buon esempio è quello dell'equazione di Volterra-Verhulst:

$$dx/dt = k\,(N - x)\,x$$

(già vista nel Capitolo 10) che modella crescita e declino di popolazioni biologiche, di parchi di manufatti o di epidemie, molto accuratamente (errori standard di 0,001). Però in alcuni casi un'equazione cubica descrive certi processi di crescita o declino con accuratezza maggiore di quella dell'equazione di Volterra, ma è irrilevante e priva di significato. Dunque: calcolare solo gli errori standard è necessario, ma non sufficiente. Occorre controllare la qualità dei dati, valutare gli errori e la loro propagazione.

Un errore grave e frequente è quello degli autori che danno peso maggiore alle variabili soft [intuitive?] che a quelle hard (quantitative e misurate). Nel maggio 1996 Jim Hines scriveva (comunicazione su BBS Systemsdynamics) di preferire «models that explain how things fit together, rather than predict points». Poi asseriva che «information about structures resides for the most part in managers' heads, to a lesser extent in their writings, to an extraordinarily small extent in numerical data bases and to an unbelievably small extent in recorded time series» (sic!): «l'informazione sulle strutture risiede in massima parte nelle teste dei manager, in misura minore nei loro rapporti scritti, in misura straordinariamente bassa nelle basi dati, e in misura incredibilmente bassa nelle serie storiche registrate». Il padre della SD, Jay W. Forrester, professore emerito di Management alla Sloan School del MIT, scriveva il 15 giugno 1997: «In our heads we have all the information we need to understand the nature of social systems» («Nelle nostre teste abbiamo tutte le informazioni necessarie per capire la natura dei sistemi sociali»). Questa è un'opinione avventata e hegeliana. (Nel 1800 Hegel scrisse un pezzo per dimostrare che logicamente devono esistere 6 e solo 6 pianeti nel sistema solare, ma il 1° gennaio 1801 Piazzi scoprì Cerere.)

Su simili petizioni di principio si basano sviluppi matematici ingenui come quelli che pretendono di modellare sistemi socio-economici complessi con equazioni empiriche e banali come:

$$f(t + \Delta t) = f(t) + \Delta f(t)$$

con parametri che determinano il delta, modificati gradatamente finché non permettono un adeguato *backcasting* (consistente nello scegliere coefficienti delle equazioni basati, per esempio, su dati fino al 1980, tali che le equazioni prevedano accuratamente i valori delle variabili dal 1980 al momento presente).

Molti non specialisti sono pronti a credere ciecamente ai *printout* di un computer, specie se usato in un'università. Invece i computer sono macchine adattissime a produrre risultati apparentemente plausibili e tutti errati per malasorte (faciloneria, incompetenza, dati di partenza affetti da forte imprecisione) o per malafede.

Devi stare attento: già la scienza vera è irta di controversie sottili. Non puoi sperare di dare ragione o torto a professionisti contendenti, in base a notizie che apprendi dai giornali o agli strumenti modestissimi che hai acquisito leggendo questo libro. Ancora più difficile è giudicare tentativi apparentemente brillanti di formulare spiegazioni razionali e quantitative di fenomeni complessi, mal noti, soggetti a fattori casuali e influenzati dal comportamento di grandi masse di esseri umani. Ha davvero senso usare gli strumenti matematici che sono stati adoperati? Il successo nel produrre previsioni approssimativamente corrette di andamenti dell'economia o delle borse è stato casuale? Sono domande ardue.

Intanto farai bene a sospettare di chiunque sostenga di avere risolto, con semplici strumenti presi in prestito dalle scienze esatte, problemi antichi, difficili e dipendenti da miriadi di variabili.

I fisici veri si guardano, in genere, dal proporre soluzioni mirabolanti e semplicistiche e dal trasferire ad altri campi di indagine i loro metodi. Danno spiegazioni chiare (a chi sa abbastanza matematica, non a tutti) e sono modesti.

Noi che stiamo ai margini della loro scienza, dobbiamo essere anche più modesti almeno fino a quando non abbiamo studiato tanto seriamente da essere sicuri del fatto nostro – e fino a quando non ci accorgiamo che almeno alcuni scienziati professionisti accreditati ci prendono sul serio.

Spero che questo libro ti possa aiutare almeno un po' a muovere qualche passo sulla strada di una migliore comprensione del mondo.

TABELLA DELLE UNITÀ DI MISURA

Quantità fisica	*Nome dell'unità SI*	*Simbolo dell'unità SI*
lunghezza	metro	m
massa	kilogrammo	kg
tempo	secondo	s
corrente elettrica	ampere	A
temperatura termodinamica	kelvin	°K
quantità di sostanza	mole	mol
intensità luminosa	candela	cd
frequenza	hertz	Hz
forza	newton	N
pressione, sollecitazione	pascal	Pa
energia, lavoro	joule	J
potenza, flusso radiante	watt	W
carica elettrica	coulomb	C
potenziale elettrico, forza elettromotrice	volt	V
resistenza elettrica	ohm	Ω
conduttanza elettrica	siemens	S
capacità elettrica	farad	F
induzione magnetica	tesla	T
flusso magnetico	weber	Wb
induttanza	henry	H
temperatura	grado Celsius	°C
angolo piano	radiante	rad
angolo solido	steradiante	sr
flusso luminoso	lumen	lm
illuminamento	lux	lx
rifrazione	diottria	D
attività di un radionuclide	becquerel	Bq

INDICE DEI NOMI

INDICE

Finito di stampare nel mese di luglio 2017
da Rotolito Lombarda S.p.A.